"十四五"职业教育国家规划教材　　北京市特色高水平骨干专业建设项目

U0151597

食品微生物检测

张　磊　主编

中国轻工业出版社

图书在版编目（CIP）数据

食品微生物检测 / 张磊主编. —北京：中国轻工业
出版社，2024.8

ISBN 978-7-5184-3560-9

Ⅰ. ① 食… Ⅱ. ① 张… Ⅲ. ① 食品微生物—食品
检验—高等职业教育—教材 Ⅳ. ① TS207.4

中国版本图书馆CIP数据核字（2021）第124292号

责任编辑：张　靓　王宝瑶　　责任终审：劳国强　　整体设计：锋尚设计
策划编辑：张　靓　　　　　　　责任校对：朱燕春　　责任监印：张京华

出版发行：中国轻工业出版社（北京鲁谷东街5号，邮编：100040）

印　　刷：艺堂印刷（天津）有限公司

经　　销：各地新华书店

版　　次：2024年8月第1版第3次印刷

开　　本：787×1092　1/16　印张：13.75

字　　数：240千字

书　　号：ISBN 978-7-5184-3560-9　定价：49.00元

邮购电话：010-85119873

发行电话：010-85119832　010-85119912

网　　址：http://www.chlip.com.cn

Email：club@chlip.com.cn

本书编写人员

主　编　张　磊

副主编　王　薇

参　编　李　岩　蔺　瑞　张　祥　王冬梅　刘阳春
　　　　郎萌萌　安凤楼　王　舒　薛　洁

前 言

　　"食品微生物检测"是食品加工与检验专业的核心课程，涉及食品安全、食品微生物和食品科学等学科知识。本教材由多年从事食品微生物检测教学的骨干教师和企业专家，在充分调研企业岗位要求和学校教学需求的基础上进行编写。

　　本教材根据食品检验岗位真实的工作任务设置学习情境，以典型性、实践性、职业性、先进性为原则选取工作任务，并结合相关理论知识，使之成为学习任务，同时融入职业素质内容，使学生在掌握理论知识、专业技能的同时，逐步形成并提高个人职业素养。

　　本教材以食品检验岗位能力需要为主线，以岗位真实工作任务为载体，融入最新国家标准、新技术、新工艺和新方法，通过手机扫码看课件、手机扫码做课前测试和"思政园地"等环节，调动学生学习积极性。学生通过完成不同的任务，掌握食品微生物检测的工作技能，实现职业能力的提高。依据食品微生物检测岗位实际工作需求，本教材将微生物检测课程构建为五个项目：微生物形态观察及显微镜计数、微生物培养基的制作及灭菌技术、微生物接种及分离纯化、食品微生物检验样品的采集与处理、食品中微生物的检验，使学生掌握食品微生物检测基本理论知识和食品微生物检测岗位应用性知识；学会微生物检测基本操作规范和技能，能独立完成食品微生物检测和报告，具备食品安全责任意识、生物安全防护意识和严谨求实、客观公正、爱岗敬业的职业素质；践行大食物观，保障食品安全。

　　本教材由张磊担任主编，王薇担任副主编，李岩、蔺瑞、张祥、王冬梅、刘阳春、郎萌萌、安凤楼、王舒、薛洁参与编写。赵栩楠、刘娅、杨晶、刘蕊为本教材的编写做了大量工作。本教材可作为食品类及其相关专业的教材或教学参考书，还可供从事食品安全检验和食品生产等领域的专业人员参阅。

　　本教材在编写过程中参阅了大量的书籍和文献，同时得到了北京三元食品股份有限公司、北京市产品质量监督检验院、中国肉类食品综合研究中心、北京一轻产品质量检测有限公司、北京一轻食品集团有限公司、中国食品发酵工业研究院等的大力支持，在此表示诚挚的感谢。

　　由于时间和编者水平有限，书中不妥之处在所难免，恳请读者批评指正。

编者

目录

项目一　微生物形态观察及显微镜计数

任务1　普通显微镜的使用

学习目标

知识目标
1. 了解普通显微镜的结构及各部分功能。
2. 掌握普通显微镜的工作原理。
3. 掌握普通显微镜的操作流程。

技能目标
1. 能正确查找相关资料获取普通显微镜的相关知识。
2. 能够正确使用普通显微镜观察微生物形态并绘图。
3. 能正确维护和保养显微镜。

素养目标
1. 能严格遵守实验现场7S管理规范。
2. 能正确表达自我意见，并与他人良好沟通。
3. 践行社会主义核心价值观，树立大食物观，保障食品安全。形成求实的科学态度、严谨的工作作风，领会工匠精神，不断增强团队合作精神和集体荣誉感。

● 任务描述

　　显微镜是进行微生物学研究的基本工具，是微生物实验室的常用仪器之一。在食品微生物检验过程中，需要经常使用显微镜来观察微生物形态。因此，熟练使用显微镜并能对显微镜进行维护和保养，是食品微生物检验人员必须掌握的一项基本技能。本任务将使用显微镜观察霉菌、酵母菌和乳酸杆菌的形态。我们将按照如图1-1和图1-2所示内容完成学习任务。

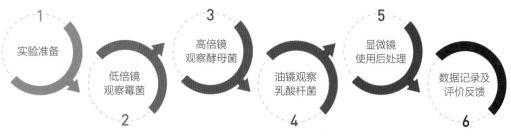

图1-1　"任务1　普通显微镜的使用"实施环节

1　实验准备
2　低倍镜观察霉菌
3　高倍镜观察酵母菌
4　油镜观察乳酸杆菌
5　显微镜使用后处理
6　数据记录及评价反馈

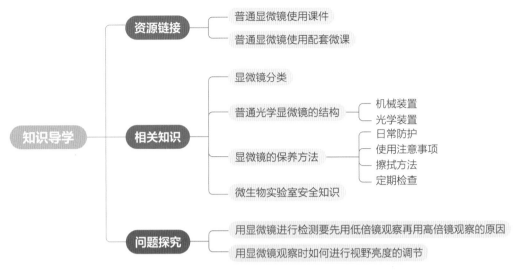

图1-2 "普通显微镜的使用"知识思维导图

■ 任务要求

1. 了解普通光学显微镜的结构及各部分功能。
2. 能够正确使用普通显微镜观察微生物形态并绘图。
3. 能正确维护和保养普通显微镜。

思政园地

坚定不移听党话、跟党走，怀抱梦想又脚踏实地，敢想敢为又善作善成，立志做有理想、敢担当、能吃苦、肯奋斗的新时代好青年。

📄 知识链接

一、资源链接

通过手机扫码获取普通显微镜的使用课件及配套微课，通过网络资源总结普通显微镜的结构。

普通显微镜的
使用课件

普通显微镜的
使用配套微课

二、相关知识

显微镜是伟大的发明，最早使用显微镜并将其用于科学观察的是意大利科学家伽利略和荷兰显微镜学家列文·虎克，前者利用显微镜观察了昆虫的复眼，后者通过自己磨制的透镜观察了很多动植物细胞。显微镜在科学研究上的使用为人们打开了新世界的大门，使人们得以看到肉眼看不见的东西，刷新了人类对生物世界的认知。

（一）显微镜的分类

显微镜的种类很多，根据光源不同可以分为光学显微镜和电子显微镜。前者以可见光或紫外光为光源，后者以电子束为光源。

光学显微镜又分为明视野显微镜、暗视野显微镜、相差显微镜、荧光显微镜等。食品微生物检验中通常采用普通光学显微镜。

普通光学显微镜的成像原理是利用目镜、物镜、反光镜等组合成完整的光学系统来放大被观察的物体成像，最大放大倍数为1500～2000倍。普通光学显微镜是学习和研究微生物的基本工具，是食品微生物检验的必需的仪器设备之一。我们要熟悉普通显微镜的结构和各部分的功能，更要掌握利用普通显微镜进行微生物观察、检验的基本方法和技能（图1-3）。

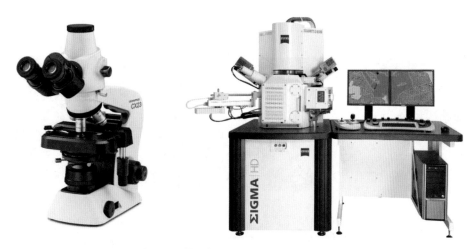

图1-3　普通光学显微镜和电子显微镜

（二）普通光学显微镜的结构

普通光学显微镜利用目镜和物镜来放大成像，包括单目普通光学显微镜和双目普通光学显微镜，后者比前者多一个镜筒，可以双眼同时进行观察。普通光学显微镜由机械装置和光学装置两大部分组成（图1-4）。

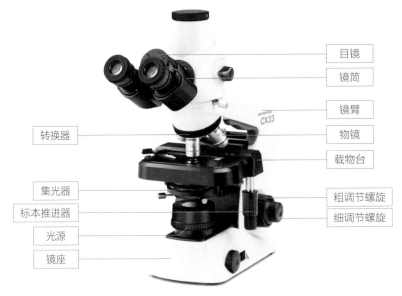

图1-4 普通光学显微镜外观图

1. 机械装置（图1-5）

（1）镜座 显微镜的底部成马蹄形，用以支持显微镜。

（2）镜臂 镜臂用于连接镜座和镜筒，是支持镜筒及取放显微镜时手握的部位。

（1）镜座　　　　　　（2）镜臂　　　　　　　（3）载物台

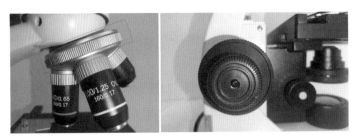

（4）转换器　　　　（5）调节螺旋

图1-5 显微镜重要机械装置

（3）载物台　在镜筒下方，呈方形或圆形，用于放置载玻片，中央有孔，可以透光。台上装有弹簧夹，用来固定载玻片，台下装有标本推进器，方便标本作左右、前后方向的移动。

（4）镜筒　金属圆筒，光线可从中通过。

（5）转换器　可以通过转动转换器来切换物镜。

（6）调节螺旋　调节螺旋包括粗调节螺旋和细调节螺旋，是调节载物台或镜筒上下移动的装置。

大螺旋为粗调节螺旋，移动时可使载物台做快速和较大幅度的升降，所以能迅速调节物镜和标本之间的距离，使物像呈现于视野中，通常在使用低倍镜时，先用粗调节螺旋迅速找到物像。

小螺旋为细调节螺旋，移动时可使镜台缓慢地升降，多在运用高倍镜时使用，从而得到更清晰的物像，并借以观察标本不同层次的结构。

2. 光学装置

（1）光源　普通显微镜的光源分自然光源和人工光源（主要是电光源）。人工光源显微镜属于显微镜内设光源，通过电流调节螺旋调节光强度；无内设光源的显微镜采用自然光源，通过调节镜座上安装的反光镜调节光强度。

（2）物镜　物镜安装在转换器上，是显微镜最重要的部件［图1-6（1）］，其作用是将物体做第一次放大，是决定成像质量和分辨率的重要部分，物镜上通常标有孔径、放大倍数、镜筒长度、焦距等主要参数，通常低倍镜放大倍数为10×，高倍镜为40×，油镜为100×等。

（3）目镜　目镜能将物镜所成的实像进一步放大，形成虚像并映入眼部［图1-6（2）］。一般目镜镜筒越长，放大倍数越小，放大倍数常有5×、10×、16×等。光学显微镜放大倍数是物镜的放大倍数与目镜的放大倍数的乘积。

（4）集光器　集光器位于载物台下方，由两个或几个透镜组成，其作用是将从光源来的光线聚成一个锥形光柱，可以通过位于载物台下方的集光器调节旋钮调节得到最适合的亮度。

（1）物镜　　　　　　　　　（2）目镜

图1-6　显微镜重要光学装置

（5）虹彩光圈　虹彩光圈也称为虹彩光阑或孔径光阑，位于集光器的下端，是一种能控制进入集光器的光束大小的可变光阑。

（6）反光镜　自然光源的显微镜配有反光镜。反光镜的正反面由凹平二面镜子构成，它可以把光线送至集光器。

（三）显微镜的保养方法

1. 日常防护

（1）防尘　光学元件表面落入灰尘，会影响光线通过，形成污斑影响观察。闲置时需罩上防尘罩。

（2）防潮　如果室内潮湿，光学镜片容易生雾、生霉，机械部分容易生锈。因此，显微镜的存放环境应该远离潮湿处，且显微镜箱内应放置干燥剂。

（3）防腐蚀　显微镜应避免与酸、碱和易挥发的、具腐蚀性的化学试剂等放在一起。

（4）防热　应避免热胀冷缩引起镜片的开胶与脱落。

（5）防止震动和撞击　搬动显微镜时，应防止震动和撞击。

（6）通风　显微镜应放在通风干燥处，避免阳光直射或暴晒。

2. 使用注意事项

使用显微镜时一定要正确操作，操作粗心或者操作错误都易引起仪器损坏。

（1）将显微镜放在实验台上时，先放稳镜座一端，再放稳整个镜座。

（2）显微镜应保持清洁。

（3）目镜和物镜不要随便抽出和卸下，不可擅自拆卸显微镜的任何部件，以免损坏。

（4）粗调节螺旋、细调节螺旋、标本推进器要保持灵活。调节螺旋拧到限位以后，就拧不动了，此时绝不能强拧，应将细调节螺旋退回3~5圈，再进行调焦。

（5）油镜使用后一定要擦拭干净，香柏油在空气中暴露时间过长就会变稠或干涸很难擦拭，若镜头上留有油渍，清晰度必然下降。

（6）显微镜用毕，将物镜调至标准角度，降至载物台上。

（7）镜面只能用擦镜纸擦拭，不能用手指或粗布，以保证其光洁度。

（8）观察标本时必须依次用低、中、高倍镜，最后用油镜。

（9）仪器出现故障时不要勉强使用，否则可能引起更严重的故障和不良后果，例如粗调节螺旋不灵活时，如果强行旋动会使其齿轮齿条变形或损坏。

（10）搬拿显微镜时一定要右手拿镜臂，左手托镜座，不可单手拿，更不可倾斜。

3. 擦拭方法

镜片上有抹不掉的污物、油渍、手指印时或镜片生霉以及长期停用后复用时，都要先擦拭再使用。

（1）光学装置擦拭　目镜和集光器允许拆开擦拭，物镜严禁拆开擦拭。如果镜片上有油渍、污渍或指印等擦不掉时，可用棉签蘸少量酒精和乙醚混合溶剂擦拭，如果有较重的霉点或霉斑无法除去时，可用棉签蘸水润湿后蘸上苯酚钙粉进行擦拭，然后将粉末清除干净。镜片是否擦干净，可用镜片上的反射光线进行观察检验。

（2）机械装置擦拭　机械装置可以用布擦拭，不能使用酒精、乙醚等有机溶剂擦拭，以免脱漆。

4. 定期检查

为了保护显微镜的性能稳定，要定期进行检查和保养。

（四）微生物实验安全知识

1. 实验室安全知识

微生物实验员应该时刻保持警惕，因为检验对象中可能会有病原微生物，如果不慎发生意外，不仅自身招致污染，还可能造成病原微生物的传播。为了做好工作并保证安全，应做到以下几点。

（1）随身物品切勿带入实验室，必需的实验数据和笔记本等带入实验室后要远离操作区域。

（2）进入实验室应穿工作服，进入无菌室时，要戴口罩和工作帽并换专用鞋。

（3）不在实验室内接待客人，在实验室内不抽烟，不饮食，不用手抚摸头部和面部。

（4）实验室内应保持整洁，样品检验完毕后及时清理桌面，凡是要丢弃的培养物均应经高压灭菌后再处理。污染的玻璃器皿，应在高压灭菌后再洗刷干净。

（5）接种环用前用后皆需用火焰灭菌。

（6）吸过菌液的胶头滴管、沾过菌液的玻片等在使用后要浸泡在盛有3%的甲酚皂溶液或5%苯酚溶液的玻璃筒内，其他污染的试管、器皿等必须放于指定的容器内经灭菌后再洗涤晾干。

（7）如有病原微生物污染桌面或地面，要立即用3%甲酚皂溶液或50%苯酚溶液倾覆其上，30min后才能抹去。

（8）如果有病原微生物污染了手，应立即将手浸泡于3%甲酚皂溶液或5%苯酚溶液中10～20min，再用肥皂及水洗涮。

（9）易燃药品如酒精、二甲苯、醚、丙酮等应远离火源，妥善保存。易挥发的药品如氯仿、氨水等应放在冰箱内保存。

（10）贵重仪器在使用前应检查，使用后要登记使用时间、使用人员等。

（11）工作完毕要仔细检查烘干箱、电炉、灭菌锅、水浴锅等是否切断电源，自来水开关是否拧紧，培养箱、电冰箱的温度是否正常，门是否关严，所用器皿和试剂是否放回原处，工作台是否用消毒液擦拭干净等。

（12）离开实验室前一定要用肥皂把手洗净，脱去工作服，关闭水、电、门窗，确保安全。

2. 酒精灯使用注意事项

（1）酒精灯里盛放酒精的体积应为酒精灯体积的（1/4）~（2/3）。

（2）酒精灯灯芯不要过短或过长。

（3）不能用一台燃着的酒精灯去点燃另一台酒精灯，以免倾倒酒精灯时酒精溢出，造成火灾等不可控后果。

（4）酒精灯不可吹灭，需用灯帽盖灭两次。

3. 几种意外情况的处理

（1）遇火险时，立即关闭电源开关，如果有酒精、乙醚着火，切勿用水灭火，应用沙土灭火。

（2）皮肤破伤时，先除尽伤处衣物，用蒸馏水或生理盐水洗净后涂2%碘酒。

（3）灼烧伤应涂上凡士林，5%的鞣酸或2%的苦味酸。

（4）强酸腐蚀：先用大量清水冲洗，再用5%苯酚氢钠或氢氧化氨溶液洗涤。强碱腐蚀：用大量水冲洗后再用5%醋酸或5%硼酸溶液洗涤。

（5）若有污染物进入嘴中，要立刻吐出并以大量清水漱口，切不可使漱口水咽下，必要时可以服用有关药物，以防发生感染。

三、问题探究

1. 为何用显微镜进行检测时要先低倍镜观察再用高倍镜观察？

低倍镜视野较大，易于发现目标和确定检查位置，因此，要养成先用低倍镜再用高倍镜的习惯。

2. 如何进行显微镜视野亮度的调节？

（1）调节集光器上的虹彩光圈。

（2）升降集光器。

（3）调节电流旋钮。

（4）旋转反光镜。

四、完成预习任务

1. 阅读相关学习资源，归纳普通显微镜使用的知识。

2. 绘制操作流程小报并初拟实验方案。

3. 完成老师发布的预习小测验等相关预习任务，手机扫码完成课前测试。

普通显微镜的
使用课前测试

任务实施

提示

在整个任务实施过程中应严格遵守实验室用水、用电安全操作指南及实验室各项规章制度和玻璃器皿的安全使用规范。

一、实验准备

配图	仪器、试剂与材料	说明
	显微镜	普通光学显微镜（含有物镜、目镜）
	香柏油	用油镜进行观察时，需将油镜浸在香柏油中
	二甲苯	油镜使用后，需用二甲苯擦拭干净
	擦镜纸	显微镜的镜面只能用擦镜纸擦拭
	微生物标本	微生物标片如有油渍，可用纱布蘸95%的酒精擦洗干净

二、操作步骤

1. 低倍镜观察

配图	操作步骤	操作说明
	（1）观察前准备： ①把显微镜放在桌面上，摆在身体的左前方，镜臂对着胸前，坐在显微镜正前方，右侧放记录本或绘图本； ②用手转动粗调节螺旋，使载物台上升	（1）显微镜属于贵重、精密仪器，使用时要小心，轻拿轻放； （2）当转动转换器时听见"咔"声，或感觉有阻力时，应立即停止转动，此时物镜已与镜筒成一条直线
	（2）调节光源： ①将集光器升到最高位置； ②打开光源开关，可以通过调节电流旋钮来调节光照强弱	（1）调节光照强弱的方法：扩大或者缩小集光器上的虹彩光圈；升降集光器；调节电流旋钮；旋转反光镜； （2）一般使用低倍镜时光线应暗一些，使用高倍镜或油镜时，光线亮些；观察染色深的标本，光线应明亮一些；观察染色浅的标本，光线应暗些
	③转动转换器，将10×物镜对准光孔	不要随意取下目镜，以防尘土落入物镜，也不要拆卸任意零件，以防损坏
	④将集光器上的虹彩光圈打开并调至最大，使视野的光照明亮、均匀	一般使用低倍镜时降低集光器，缩小虹彩光圈；使用高倍镜时上升集光器，放大虹彩光圈

配图	操作步骤	操作说明
	（3）固定标本： 取微生物玻片标本放在载物台上，有盖玻片的一面朝上，两端用弹簧夹固定，旋转标本推进器来调节玻片位置，使玻片中标本对准中央圆孔	载物台上的刻度可以标示玻片的坐标位置
	（4）调节焦距： ①从侧面观察物镜与玻片的距离，转动粗调节螺旋，使低倍镜距玻片标本0.5mm	切勿在用目镜观察的同时转动粗调节螺旋，必须从显微镜侧面观察物镜与玻片的距离，以防止镜头碰撞玻片造成损坏
	②从目镜中观察时，用手慢慢转动粗调焦螺旋至视野中出现模糊物像时，调节细调焦螺旋至视野中出现清晰物像为止； ③左手旋转标本推进器来移动标本，眼睛从目镜中找到合适的观察区域	先用粗调焦螺旋调节至物像出现，再用细调焦螺旋调节至物像清晰，然后寻找最适宜观察的部位
	（5）观察、绘图： 观察并描绘微生物形态，准备用高倍镜观察	（1）应养成两眼同时睁开观察的习惯，左眼用以观察，右眼用以绘图； （2）配图为低倍镜下的霉菌标本照片

2. 高倍镜观察

配图	操作步骤	操作说明
	（1）寻找视野： 按照用低倍镜观察的操作方法，在低倍镜下找到合适的观察区域，并移至视野中	低倍镜视野较大，易于发现目标和确定检查位置，因此，要养成镜检时先用低倍镜再用高倍镜的习惯
	（2）转动转换器，使高倍镜对准载物台中央圆孔	转换高倍镜时速度要慢，需从侧面观察，避免镜头碰撞载玻片；如果载玻片碰触到低倍镜的物镜，说明低倍镜的物距没有调节好，应该重新进行操作
	（3）调节焦距： ①调节虹彩光圈至光线亮度适宜； ②左眼从目镜观察，先旋转粗调节螺旋，缓慢提升物镜，直至模糊物像出现； ③旋转细调节螺旋，直至物像清晰； ④旋转标本推进器，移动标本，寻找最适宜观察的区域	（1）调节粗调节螺旋时应从侧面观察，防止镜头碰撞载玻片； （2）调节细调节螺旋时，应从目镜观察
	（4）观察、绘图： 观察并描绘微生物形态，准备用油镜观察	配图为高倍镜下的酵母菌标本照片

3. 油镜观察

配图	操作步骤	操作说明
	（1）寻找视野： 按照用低倍镜观察的操作方法，在低倍镜下找到合适的观察区域，并将其移至视野中	—
	（2）调节转换器： 升高镜筒2cm左右，转动转换器，使油镜对准载物台中央圆孔	转换物镜时速度要慢，要细心，并同时从侧面观察（防止碰撞载玻片）
	（3）加香柏油： ①滴1～2滴香柏油至欲观察部位的涂片上； ②从侧面观察，慢慢下降镜筒，使油镜浸入香柏油中	香柏油不要加太多；镜头与载玻片之间以香柏油相连
	（4）调节焦距： ①调节虹彩光圈至光线亮度适宜； ②从目镜观察，用粗调节螺旋缓慢调节至物像出现； ③再用细调节螺旋缓慢调节至物像清晰； ④旋转标本推进器来移动标本，寻找最适宜观察的区域	如果油镜已离开油面却仍未见到物像，可能是因为油镜下降还不到位，或是油镜上升太快，以致眼睛未观察到物像，遇到以上情况应重新操作
	（5）观察、绘图： 观察并描绘微生物形态	配图为油镜下的乳酸杆菌标本照片

4．显微镜使用后处理

配图	操作步骤	操作说明
	（1）清洁油镜： ①上升镜筒，取下玻片； ②用滴加上二甲苯的擦镜纸擦拭干净油镜镜头，应沿一个方向擦拭镜头； ③再用干净的擦镜纸擦去残留的二甲苯	显微镜的光学装置和照明装置只能用擦镜纸擦拭，切忌口吹、手抹或者用布擦；机械装置可以用布擦拭
	（2）搁置物镜： 将物镜转成标准角度，缓慢下降镜筒，使物镜轻轻靠在镜台上，将集光器降至最低位置	如果长时间不用，应将物镜和目镜取下，放入专用干燥器内，以免受潮发霉

三、记录原始数据（表1-1）

表1-1　微生物镜检记录表

记录人：　　　　　　　　　　　　　　　　　　　　　　　　日期：

微生物	霉菌	酵母菌	乳酸杆菌
绘图			
放大倍数	目镜： 物镜：	目镜： 物镜：	目镜： 物镜：
菌体形态描述			
显微镜型号			

注：①用铅笔绘图；
　　②微生物形态、大小与视野中观察的保持一致。

评价反馈

"普通显微镜的使用"考核评价表

学生姓名：＿＿＿＿＿＿＿＿　　　班级：＿＿＿＿＿＿＿＿　　　日期：＿＿＿＿＿＿＿＿

评价方式	考核项目		评价项目	评价要求	不合格	合格	良	优
自我评价（10%）	相关知识		了解显微镜的工作原理	相关知识输出正确，（1分）	0	2	3	4
			掌握显微镜各部分的结构及功能	能说出显微镜各部分的结构和功能（3分）				
	实验准备		能正确准备仪器	仪器准备正确（6分）	0	4	5	6
学生互评（20%）	操作技能		能熟练应用显微镜进行观察（亮度调节、物镜切换、调节螺旋使用、视野定位准确、油镜调节、清洁维护等）操作规范	操作过程规范熟练（15分）	0	5	10	15
			能正确、规范记录结果并进行数据处理	原始数据记录准确、处理数据正确（5分）	0	3	4	5
教师学业评价（70%）	课前	通用能力	课前预习任务	课前任务完成认真（5分）	0	3	4	5
	课中	专业能力	实际操作能力	能按照操作规范进行显微镜操作，能准确切换物镜倍数，视野定位准确、清晰（10分）	0	6	8	10
				显微镜观察方法正确，调节螺旋使用方法正确（10分）	0	6	8	10
				显微镜维护方法正确，油镜的维护方法正确（10分）	0	6	8	10
				绘图方法规范（10分）	0	6	8	10
		工作素养	发现并解决问题的能力	善于发现并解决实验过程中的问题（5分）	0	5	10	15
			时间管理能力	合理安排时间，严格遵守时间安排（5分）				
			遵守实验室安全规范	（显微镜搬运、显微镜使用、物镜切换、调节焦距、实验台整理等）遵守实验室安全规范（5分）				
	课后	技能拓展	霉菌高倍镜观察	正确规范完成（5分）	0	5	—	10
			放线菌油镜观察	正确规范完成（5分）				
总分								

注：①每个评分项目里，如出现安全问题则为0分；
　　②本表与附录《职业素养考核评价表》配合使用。

● 学习心得

_____

_____

_____

_____

_____

● 拓展训练

○ 用高倍镜观察霉菌，用油镜观察放线菌，绘制相关操作流程小报并录制视频。

（提示：利用互联网、国家标准、微课等。）

○ 拓展所学任务，查找线上相关知识，加深相关知识的学习。

（例如，中国大学MOOC https://www.icourse163.org/；智慧职教 https://www.icve.com.cn等。）

巩固反馈

1. 小红同学使用显微镜观察细菌时，发现视野中的物像有些模糊，应调节显微镜的（   ）

   A. 粗调焦螺旋   B. 细调焦螺旋   C. 反光镜   D. 虹彩光圈

2. 如使用显微镜观察细胞时，视野中除了细胞外还有很多异物，转换物镜和移动玻片时异物均不动，可判断异物存在于（   ）上

   A. 目镜   B. 物镜   C. 装片   D. 反光镜

3. 小光同学在应用显微镜观察大肠杆菌的实验中，要从低倍镜切换成高倍镜，下列操作步骤正确的排序是（   ）

   ①转动细调焦螺旋；②转动粗调焦螺旋；③寻找视野；④调节虹彩光圈；⑤转动转换器

A. ③—⑤—④—②—①　　　　B. ④—③—②—⑤—①

C. ③—①—④—⑤—②　　　　D. ③—⑤—④—①—②

4. 简述普通显微镜操作流程。

5. 填写普通光学显微镜的结构。

6. 学生课后总结所学内容，与老师和同学进行交流讨论并完成本任务的教学反馈。

任务 2　细菌染色及形态观察

学习目标

知识目标	1.了解细菌的结构及细菌染色的意义。 2.掌握细菌染色相关原理。 3.掌握细菌染色及形态观察相关流程。
技能目标	1.能正确查找相关资料获取常用的细菌染色方法和染色剂。 2.能够独立进行细菌简单染色及革兰氏染色操作。 3.能记录细菌染色及形态观察的结果并完成报告。
素养目标	1.能严格遵守实验现场7S管理规范。 2.树立自信心和终身学习理念。 3.践行社会主义核心价值观，树立环保意识。形成求实的科学态度、严谨的工作作风，领会工匠精神，不断增强团队合作精神和集体荣誉感。

● 任务描述

在食品微生物检验工作中，需要经常使用光学显微镜对细胞进行观察，然而细菌的细胞小而透明，在普通光学显微镜下不易识别，因此，在实验中必须对其进行染色才能显示出细菌的形态、大小、构造等并进行分类鉴定，从而判断食品中微生物的污染情况。本任务将按实验室要求进行实验前的准备并进行细菌简单染色和革兰氏染色操作。我们将按照如图1-7和图1-8所示内容完成学习任务。

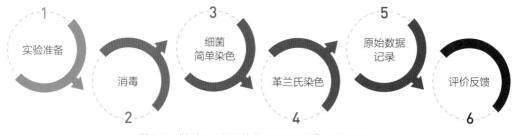

图1-7　"任务2　细菌染色及形态观察"实施环节

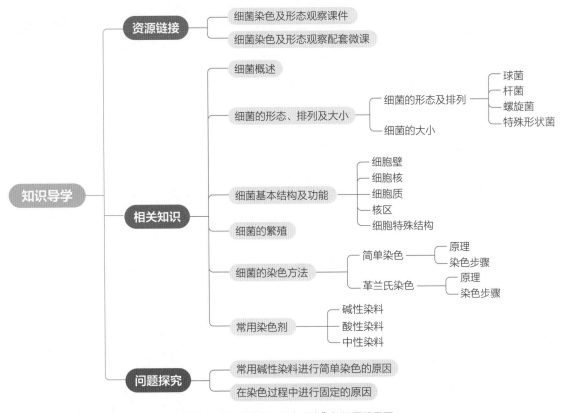

图1-8　"细菌染色及形态观察"知识思维导图

任务要求

1．能独立完成细菌简单染色和革兰氏染色。

2．能够通过染色对细菌细胞结构进行观察。

> 思政园地
>
> 绿水青山就是金山银山。

知识链接

一、资源链接

通过网络获取JJG 196—2016《常用玻璃量器检定规程》、GB 4789.1—2016《食品安全

国家标准　食品微生物学检验　总则》等相关资料。手机扫码获取细菌染色及形态观察课件及配套微课。

细菌染色及形
态观察课件　　细菌染色及
形态观察配
套微课

二、相关知识

（一）细菌概述

细菌的定义：细菌是一类个体微小、形态结构简单，以二分裂方式繁殖的单细胞原核生物。

细菌广泛分布在世界的任何角落，如土壤、水、其他生物体内等，细菌是维持生态系统中物质循环的重要分解者，碳、氮、磷等物质循环得以顺利进行，与细菌的分解作用密不可分。

细菌与人类的关系密不可分，它既是人类很多疾病的携带者，也常被人类利用制作各种产品。

（二）细菌的形态、排列及大小

1. 细菌的形态及排列

细菌的形态是多样化的，分为基本形态和特殊形态，常见的有球菌、杆菌和螺旋菌三种基本形态（图1-9），以及网状、心形、丝状等特殊形态。

细菌由于形态不同，在自然界中也存在多种排列方式。

（1）球菌　细胞个体呈球形或椭圆形，不同种的球菌在细胞分裂时会形成不同的空间排列方式，常作为分类依据。

单球菌：分裂后的细胞分散而单独存在的球菌（图1-10），如微球菌属等。

双球菌：在一个平面上分裂，且分裂后不分离而是连在一起、成对生存的球菌（图1-11），如肺炎双球菌等。

链球菌：沿一个平面进行分裂，分裂后细胞排列成链状的球菌（图1-12），如乳链球菌等。

按照球菌的排列方式分，还有四联球菌、八叠球菌、葡萄球菌（图1-13）。

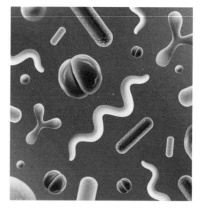

图1-9　电子显微镜下的球菌、
杆菌、螺旋菌

图1-10　单球菌

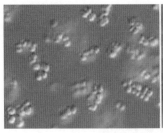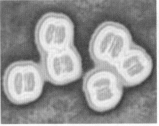

图1-11　双球菌

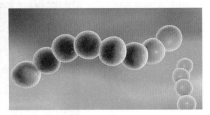

图1-12　链球菌

　　（2）杆菌　细胞呈杆状或圆柱形，不同杆菌的大小、长短、粗细很不一致。常见的杆菌有普通杆菌、芽孢杆菌、双歧杆菌等（图1-14）。

　　（3）螺旋菌　螺旋状的细菌称为螺旋菌（图1-15）。根据其弯曲的程度，可分为3种类型。

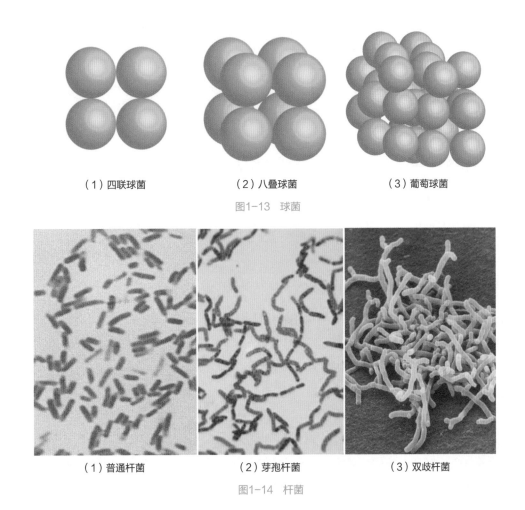

（1）四联球菌　　　　　（2）八叠球菌　　　　　（3）葡萄球菌

图1-13　球菌

（1）普通杆菌　　　　　（2）芽孢杆菌　　　　　（3）双歧杆菌

图1-14　杆菌

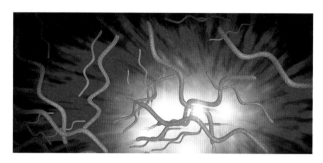

图1-15　螺旋菌

弧菌：螺旋不满1环，菌体呈弧形或逗号形。

螺旋菌：螺旋2~6环，螺旋状，较坚韧。

螺旋体：旋转周数在6环以上，菌体柔软。

2. 细菌的大小

细菌个体微小，在测定时在显微镜下进行观察，用测微尺进行测量，以微米（μm）为单位，球菌以直径表示，杆菌和螺菌以"长×宽"的形式表示，常见的细菌大小如表1-2所示。

表1-2　几种常见细菌的大小

菌名	大小
乳链球菌	0.5~1μm
金黄色葡萄球菌	0.8~1μm
大肠杆菌	0.5μm×（1~3）μm
枯草芽孢杆菌	（0.8~1.2）μm×（1.2~3）μm

（三）细菌基本结构及功能

细菌结构（图1-16）分为基本结构和特殊结构，基本结构包括：细胞壁、细胞膜、细胞质及内含物、核区；特殊结构主要包括：芽孢、糖被、鞭毛及菌毛等。

1. 细胞壁

细胞壁是位于菌体的最外层，内侧紧贴细胞膜的一层无色透明、坚韧而有弹性的结构。细胞壁约占细胞干重的10%~25%。不同细菌细胞壁的化学组成和结构不同。

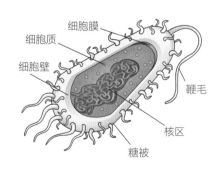

图1-16　细菌的细胞结构

细胞壁的功能：保护细胞免受外力损伤，维持菌体外形；协助鞭毛运动；与细胞膜一同完成细胞内外物质交换；保护原生质体免于渗透压引起的破裂；与细菌的抗原性、致病性和对噬菌体的敏感性密切相关。

2. 细胞膜

细胞膜是围绕在细胞质外的磷脂双分子层膜结构，由磷脂分子和多种蛋白质组成。

细胞膜的功能：进行细胞内外物质的交换和运送；参与生物氧化和能量产生；与细胞壁及糖被的合成有关；是鞭毛着生的位点。

3. 细胞质及内含物

细胞质是细胞膜内除核区以外的细胞物质。其主要成分为水、蛋白质、核酸、脂类、少量糖和无机盐，主要内含物包括核糖体、液泡、气泡、贮藏颗粒等。

4. 核区

核区（图1-17）是原核生物所特有的无核膜结构、无固定形态的原始细胞核。质粒是细菌染色体外的遗传物质，为闭合环状双链DNA分子。

5. 细菌细胞特殊结构

（1）芽孢　芽孢（图1-18）是某些细菌在细胞内形成一个球形或椭球形、壁厚、含水量极低、抗逆性极强的休眠体。它是生命世界中抗逆性最强的一种构造，在抗热、抗化学药物和抗辐射等方面十分突出。

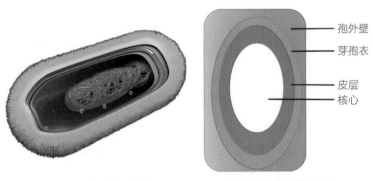

图1-17　细菌核区结构　　　　　　图1-18　细菌芽孢结构

（2）糖被　某些细菌分泌到细胞壁外的一层透明胶状物质称为糖被（图1-19），主要由水和多糖、多肽、蛋白质、糖蛋白等组成，是细胞外贮备养料的场所。根据糖被有无固定层次及层次厚度的不同，将糖被分为荚膜、黏液层、菌胶团三大类。糖被主要起到保护细胞和抗干燥作用，同时保护细胞免受吞噬。

（3）鞭毛　某些细菌细胞表面着生的一至数十条长丝状、螺旋形的附属物，具有推动细菌运动的功能，为细菌的"运动器官"，这个结构称为鞭毛（图1-20）。鞭毛的长度一般为15～20μm，最长可达70μm；鞭毛的直径为0.01～0.02μm。

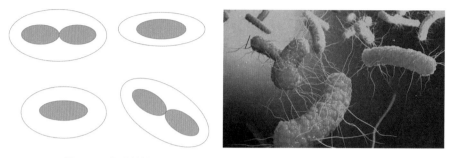

图1-19　细菌糖被　　　　　　　　　　图1-20　细菌鞭毛和菌毛

（4）菌毛　菌毛（图1-20）是某些细菌长在细菌体表的纤细、中空、短直、数量较多的蛋白质类附属物，具有使菌体附着于物体表面的功能。菌毛可分为普通菌毛和性菌毛，其中性菌毛主要起到向雌性菌株（即受体菌）传递遗传物质的作用。

（四）细菌的繁殖

细菌的繁殖一般为无性繁殖，进行二分裂法（图1-21）即拟核分裂一次形成两个拟核，新核分别向两侧移动，伴随着新核的移动，细胞的原生质也向新核周围移动，最终细胞纵向或横向一分为二，形成两个新的个体。

细菌分裂过程：①DNA复制；②形成两个原核；③形成细胞质隔膜；④形成横隔壁；⑤子细胞分离。

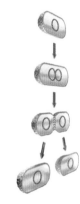

（五）细菌的染色方法

图1-21　细菌二分裂繁殖

细菌细胞微小，直径为0.5～5.0μm，透明。可破坏细胞膜的选择透过性，再将生物组织浸入染色剂内，使组织细胞的某一部分染上与其他部分不同的颜色或深浅不同的颜色，以便观察。由于菌体的性质及其中各部分对某些染料的着色性不同，因此可以利用不同的染色方法来区分不同的细菌及结构。

微生物染色常用的方法为简单染色和复染法两种。简单染色即将各种细菌染成同一种单一的颜色，故此法只能显示细菌的形态及大小，对细菌的鉴别价值不大。复染法又称鉴别染色，即令不同种类的细菌、同种细菌的不同结构，分别染上不同的颜色，以便鉴别细菌。复染法主要有革兰氏染色法、抗酸染色法和特殊染色法（包括荚膜染色法、芽孢染色法、鞭毛染色法）等，在日常检测中常见的检测方法是简单染色和革兰氏染色。

（六）细菌染色原理

（1）简单染色原理　简单染色法是利用单一染料对细菌进行染色，通常采用碱性染料（如美蓝、结晶紫、番红等）使其着色，使经染色后的菌体与背景形成明显的色差，从而能更清楚地观察到其形态和结构。此法操作简便，适用于菌体一般形态和细菌排列的观察。

（2）革兰氏染色原理　革兰氏染色法是细菌学上最常用的鉴别细菌的染色方法（1884年由丹麦病理学家C. Gram所创立），通过革兰氏染色法可将所有的细菌分为革兰氏阳性菌（G^+菌）和革兰氏阴性菌（G^-菌）。由于不同细菌细胞壁的化学组成和结构不同，细菌经结晶紫初染变成蓝色。G^+菌细胞壁肽聚糖层数多，且肽聚糖为空间网状结构，再经乙醇脱水，网状结构更为致密，染料复合物不易从细胞内漏出，仍为蓝色。而G^-菌细胞壁脂类含量多，肽聚糖层数少，且肽聚糖为平面片层结构，易被乙醇溶解，使细胞壁通透性增高，结合的染料复合物容易泄漏，细菌被酒精脱色为无色，再经沙黄染液或苯酚品红染液复染，细胞被染成红色。

（七）常用染色剂

微生物染色的基本原理是借助染色剂根据细胞的渗透、吸收作用进入细胞，使其产生颜色变化。常用的染色剂主要有三大类。

（1）碱性染料　碱性染料带正电荷，易与带负电荷的被染物结合，常用的染料有番红、结晶紫、亚甲基蓝等。

（2）酸性染料　酸性染料的显色离子带负电荷，易与带正电荷的被染物结合，通常用来染细胞质，而很少用于细菌的染色，常用的染料有伊红、刚果红等。

（3）中性染料　中性染料是碱性染料和酸性染料的复合物，如瑞氏染料（伊红亚甲基蓝）、姬姆萨染料（伊红天青）等。

三、问题探究

1. 为什么常用碱性染料进行简单染色？

因为在中性、碱性或弱酸性溶液中，细菌细胞通常带负电荷，而碱性染料在电离时，其分子的染色部分带正电荷，因此碱性染料的染色部分很容易与细菌结合使细菌着色。

2. 为什么在染色过程中进行固定？

加热可以使细菌的细胞凝固，使菌体与玻片粘得更牢固；固定还可杀死细菌，使实验更安全，同时可改变菌体对染料的通透性。

四、完成预习任务

1. 阅读学习相关资源，归纳整理细菌染色相关知识。

2. 绘制细菌染色操作流程小报。

3. 完成老师发布的预习小测验等相关预习任务，手机扫码完成课前测试。

细菌染色及
形态观察课前
测试

任务实施

🔔 **提示**

在整个任务实施过程中应严格遵守实验室用水、用电安全操作指南及实验室各项规章制度和玻璃器皿的安全使用规范。

一、实验准备

1. 仪器

配图	仪器与设备	说明
	显微镜	注意保护镜头，切不可压碎标本玻片，损坏镜头；不用手或硬物接触透镜，擦拭镜头一定要用擦镜纸
	酒精灯、接种环、镊子、吸水纸、载玻片、玻片架、擦镜纸、洗瓶、废液缸等	载玻片如有油渍等可用纱布蘸取酒精擦洗干净

2. 实验材料

配图	试剂与材料	说明
	（1）菌种： 大肠杆菌； 枯草芽孢杆菌； 乳酸杆菌	（1）注意保护菌种无污染； （2）在染色实验前进行培养

配图	试剂与材料	说明
	（2）染色剂： 结晶紫染液； 卢戈氏碘液； 95%乙醇； 苯酚品红染液或沙黄染液	注意染液的贮存，避免不当存放
	（3）其他试剂： 生理盐水； 香柏油与二甲苯； 75%酒精	二甲苯用于油镜的清洗

二、实施操作

1. 消毒

配图	操作步骤	操作说明
	用75%酒精消毒操作台并用实验用纸进行清洁	消毒一定要覆盖操作区域
	用75%酒精棉球对手部进行消毒	双手的手心和手背都进行消毒

配图	操作步骤	操作说明
	点燃酒精灯	（1）点燃酒精灯时注意安全操作； （2）酒精灯应用燃着的火柴引燃，不可用一只酒精灯点燃另一只酒精灯； （3）酒精灯内的酒精量应在酒精灯容积的（1/4）～（2/3）

2. 大肠杆菌简单染色

配图	操作步骤	操作说明
	（1）涂片： ①在干净的载玻片中央加半滴蒸馏水	（1）整个实验过程需无菌操作； （2）载玻片要洁净无油迹； （3）滴蒸馏水和取菌不宜过多； （4）涂片要涂抹均匀，不宜过厚
	②以无菌操作法，用接种环取少量菌种，在载玻片上和水混合后，涂成均匀薄层	通电时，绿色指示灯亮，使用过程中若有报警或者异味等，应及时断电检查
	（2）干燥： 让涂片在空气中自然干燥，有时为使其快速干燥，也可用酒精灯加温	最好以室温自然干燥，也可在酒精灯上加温，但勿紧靠火焰
	（3）固定： 待涂片干燥后，手持载玻片一端，有菌膜的一面向上，在酒精灯火焰上通过几次（用手背触载玻片背面，以不烫手为宜），待冷却后，再加染料	温度不宜过高，以玻片背面不烫手为宜，否则会改变甚至破坏细胞形态

配图	操作步骤	操作说明
	（4）染色： 将载玻片置于水平位置，加结晶紫染液于有菌的部位，染1～2min	染液以刚好覆盖涂片薄膜为宜
	（5）水洗： 倾去染液，斜置玻片，用很细的水流冲洗（切勿使水流直接冲刷在菌膜处），直至洗下的水呈无色为止	水洗时，不要直接冲洗涂面，而应使水从载玻片的一端流下，水流不宜过急，以免涂片薄膜脱落
	（6）干燥： 自然干燥或用吸水纸吸干	最好以室温自然干燥，也可在酒精灯上加温，但勿紧靠火焰
	（7）镜检： 先在低倍镜下找到观察区域，再将显微镜置于油镜下进行观察，载玻片滴1滴松柏油后，调节焦距进行观察	使用油镜观察
	（8）绘图： 绘制视野中细菌的形态图	—

3. 大肠杆菌、枯草芽孢杆菌、乳酸杆菌的革兰氏染色

配图	操作步骤	操作说明
	（1）制片： ①在干净的载玻片中央加半滴蒸馏水； ②以无菌操作法，用接种环取少量菌种，在载玻片上和水混合后，涂成均匀薄层	滴蒸馏水和取菌不宜过多
	（2）初染： ①将载玻片置于水平位置，加结晶紫染液于有菌的部位，染1~2min； ②倾去染液，斜置玻片，用很细的水流冲洗（切勿使水流直接冲刷在菌膜处），直至洗下的水呈无色为止； ③自然干燥或用吸水纸吸干	染液刚好覆盖涂片薄膜为宜
	（3）媒染： 用卢戈氏碘液媒染1min，水洗	媒染的作用是使结晶紫染液和细菌更好地结合
	（4）脱色： ①用吸水纸吸干多余水分； ②斜置玻片，滴加95%乙醇进行冲洗脱色，等待30s为宜，直至冲洗流出的水为无色，用水冲洗干燥	脱色一定要彻底，以便于后续的操作，避免影响实验结果

配图	操作步骤	操作说明
	（5）复染： ①滴加苯酚品红染液或沙黄染液复染2~3min； ②水洗干燥	染液刚好覆盖涂片薄膜为宜
	（6）干燥： 自然干燥或在酒精灯上加温	最好以室温自然干燥，也可在酒精灯上加温，但勿紧靠火焰
	（7）镜检： 先在低倍镜下找到观察区域，再将显微镜置于油镜，在载玻片上滴1滴松柏油后，调节焦距观察	—
	（8）绘图： 观察两种菌体染色形态并绘制细菌形态图	菌体呈现蓝紫色为革兰氏阳性菌（G⁺），呈现红色的为革兰氏阴性菌（G⁻）

三、记录原始数据（表1-3）

表1-3　细菌染色及形态观察数据记录表

菌种	G⁺	G⁻	菌体颜色	有无芽孢	菌体形态	所用染色剂

续表

菌种：大肠杆菌、枯草芽孢杆菌、乳酸杆菌

本次测定菌种：

放大倍数：	绘图：

═ 评价反馈 ═

"细菌的染色及形态观察"考核评价表

学生姓名：_____　　　　班级：_____　　　　日期：_____

评价方式	考核项目		评价项目	评价要求	不合格	合格	良	优
自我评价（10%）	相关知识		了解细菌细胞形态及染色意义	相关知识输出正确（2分）	0	2	3	4
			掌握细菌染色原理	能结合染色原理解释实验现象（2分）				
	实验准备		能正确准备实验试剂	试剂准备正确（3分）	0	4	5	6
			能正确准备仪器	仪器准备正确（3分）				
学生互评（20%）	操作技能		能熟练进行细菌染色及形态观察，操作规范	实验过程操作规范熟练（10分）	0	5	10	15
			能正确、规范分析实验	实验结果分析明确得当（5分）	0	3	4	5
教师学业评价（70%）	课前	通用能力	课前预习任务	课前任务完成认真（5分）	0	3	4	5
	课中	专业能力	实际操作能力	能依据本任务配套微课完成细菌结构图（10分）	0	6	8	10
				能按照操作规范进行细菌染色的操作（10分）	0	6	8	10
				能进行细菌染色观察分析（10分）	0	6	8	10

续表

评价方式	考核项目		评价项目	评价要求	不合格	合格	良	优
教师学业评价（70%）	课中	专业能力	实际操作能力	独立规范完成实验操作（5分）	0	3	4	5
				结果记录真实，字迹工整，报告规范（5分）	0	3	4	5
		工作素养	发现并解决问题的能力	善于发现并解决实验过程中的问题（5分）	0	5	10	15
			创新能力	善于总结工作经验并体验新方法（5分）				
			时间管理能力	合理安排时间，严格遵守时间安排（5分）				
	课后	技能拓展	能进行霉菌的染色及形态观察	正确规范完成（10分）	0	5	—	10
总分								

注：①每个评分项目里，如出现安全问题则为0分；
　　②本表与附录《职业素养考核评价表》配合使用。

● 学习心得

● 拓展训练

○ 完成霉菌染色及形态观察，绘制相关操作流程小报并录制视频。

（提示：利用互联网、微课等。）

○ 拓展所学任务，查找线上相关知识，加深相关知识的学习。

（例如，中国大学MOOC https://www.icourse163.org/；智慧职教 https://www.icve.com.cn等。）

巩固反馈

1. 细胞壁的主要功能是（　　　）

   A. 生物合成　　　B. 维持细菌外形　　　C. 产生能量　　　D. 参与物质交换

   E. 呼吸作用

2. 镜检时观察到的革兰氏阳性菌和革兰氏阴性菌分别是什么颜色？大肠杆菌的革兰氏染色特性是什么？

3. 学生课后总结所学内容，与老师和同学进行交流讨论并完成本任务的教学反馈。

任务 3　霉菌制片及形态观察

学习目标

知识目标	1. 了解霉菌制片及形态观察在微生物检验中的意义。 2. 掌握制片霉菌的形态结构及制片原理。 3. 掌握霉菌制片的流程及观察方法。
技能目标	1. 能正确查找相关资料获取霉菌形态结构及其相关知识。 2. 能够独立进行霉菌的制片。 3. 能够进行霉菌的形态观察及特征描述。
素养目标	1. 能严格遵守实验现场7S管理规范。 2. 能正确表达自我意见，并与他人良好沟通。 3. 践行社会主义核心价值观，形成求实的科学态度、严谨的工作作风，领会工匠精神，不断增强团队合作精神和集体荣誉感。

■任务描述

在对霉菌的观察任务中，需要对霉菌进行制片，并对霉菌进行观察。首先要对霉菌进行培养，在其典型时期进行制片并用光学显微镜或电子显微镜进行观察以确定后续工作。在本任务中霉菌的制片是完成任务的关键。我们将按照如图1-22和图1-23所示内容完成学习任务。

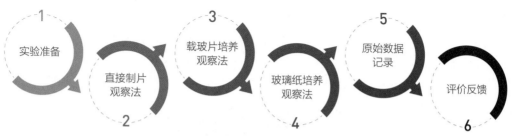

图1-22　"任务3　霉菌制片及形态观察"实施环节

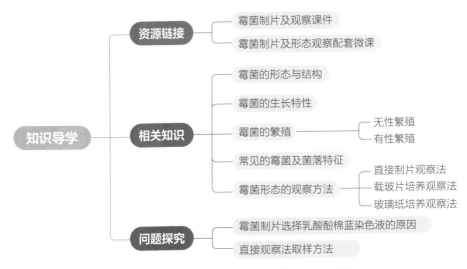

图1-23 "霉菌制片及形态观察"知识思维导图

任务要求

1. 独立完成霉菌制片的检测任务。
2. 学会观察霉菌的形态。

思政园地

以科学的态度对待科学，以真理的精神追求真理。

知识链接

一、资源链接

通过网络获取霉菌相关知识，手机扫码获取霉菌制片及形态观察课件及配套微课。

霉菌制片及形
态观察课件

霉菌制片及
形态观察
配套微课

二、相关知识

（一）霉菌的形态与结构

霉菌是异养的真核生物（图1-24），具有丝状或管状结构，单个分支称为菌丝。菌丝通过顶端生长进行延伸，并多次重复分支而形成微细的网络结构，称为菌丝体。菌丝外部是坚硬的细胞壁，内含大量真核生物的细胞器，如细胞核、线粒体、核糖体、内质网等。

图1-24 霉菌

（二）霉菌的生长特性

霉菌能在pH3.0～8.5的环境中生长，但多数霉菌喜欢酸性环境，最适pH为6.0～6.5。霉菌生长一般是需要氧气的，多数霉菌的最适生长温度是20～30℃。霉菌对干燥环境的耐受性比细菌要强，故能在含水量很低的物质上生长，有些霉菌还能耐受高渗透压的糖和盐溶液。

（三）霉菌的繁殖

霉菌有着极强的繁殖能力，而且繁殖方式也是多种多样的。虽然霉菌菌丝体上任一片段在适宜条件下都能发展成新个体，但在自然界中，霉菌主要依靠产生无性或有性孢子进行繁殖。

1. 霉菌的无性繁殖

霉菌的无性繁殖不涉及生殖细胞，是由母体的一部分直接形成新个体的繁殖方式。霉菌的无性孢子直接由生殖菌丝分化而形成，常见的有节孢子、厚垣孢子、孢囊孢子和分生孢子。

（1）节孢子　节孢子［图1-25（1）］是由菌丝生长到一定阶段时出现横隔膜，然后从隔膜处断裂而形成的细胞，如白地霉产生的节孢子。

（2）厚垣孢子　厚垣孢子［图1-25（2）］是一种厚壁的有抵抗能力的孢子，由菌丝体直接分裂而来，体内原生质和营养物质集中，壁厚，寿命长，能抗御不良外界环境。

（3）孢囊孢子　孢囊孢子［图1-25（3）］是接合菌亚门无性生殖产生的孢子，接合菌无性繁殖所产生的孢子生在孢子囊内，孢子囊一般生于营养菌丝或孢囊梗的顶端。

（4）分生孢子　分生孢子[图1-25（4）]是有隔菌丝的霉菌中最常见的一类无性孢子，是大多数子囊菌亚门和全部半知菌亚门霉菌的无性繁殖方式。

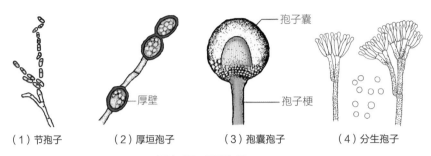

（1）节孢子　　（2）厚垣孢子　　（3）孢囊孢子　　（4）分生孢子

图1-25　无性孢子

2. 霉菌的有性繁殖

由亲本产生的有性生殖细胞（配子），经过两性生殖细胞（如精子和卵细胞）的结合，成为受精卵，再由受精卵发育成为新的个体的生殖方式，称为有性生殖。

霉菌的有性繁殖是通过产生一定形态的孢子实现的，这种孢子称为有性孢子，繁殖过程可分为三个阶段：第一个阶段为质配；第二个阶段为核配，产生二倍体的核；第三个阶段是减数分裂，恢复核的单倍体状态。常见的有性孢子有卵孢子[图1-26（1）]、接合孢子[图1-26（2）]、担孢子[图1-26（3）]、子囊孢子[图1-26（4）]。

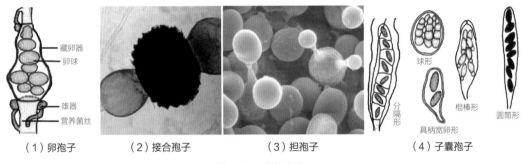

（1）卵孢子　　（2）接合孢子　　（3）担孢子　　（4）子囊孢子

图1-26　有性孢子

（四）常见的霉菌及其菌落特征（表1-4）

表1-4　常见霉菌及其菌落特征

常见霉菌	形态特征	应用
根霉属（*Rhizopus*）如黑根霉、米根霉、华根霉、无根根霉等	根霉营养菌丝体上产生匍匐枝、假根，在有假根处的匍匐枝上着生成群的孢囊梗，梗的顶端膨大形成孢子囊，囊内产生孢子，孢囊孢子呈球形、卵形或不规则形状	根霉的用途很广，其淀粉酶活力很强，在酿酒工业中多用来作淀粉质原料酿酒的糖化菌；根霉还能产生乳酸、琥珀酸等有机酸

续表

常见霉菌	形态特征	应用
毛霉属（*Mucor*） 如高大毛霉、鲁氏毛霉、总状毛霉等	毛霉的菌丝体在基质上或基质内能广泛蔓延，无假根和匍匐枝，一般单生，分枝较少或不分枝，分枝顶端都有膨大的孢子囊，孢子囊呈球形	毛霉的用途很广，常出现在酒中，能糖化淀粉，并能生成少量乙醇；还能产生蛋白酶，在我国多用来做豆腐乳、豆豉等
曲霉属（*Aspergillus*） 如黑曲霉、米曲霉、黄曲霉等	曲霉的菌丝体由具有横隔的分枝菌丝构成，通常无色，成熟时渐变为浅黄色至褐色，顶囊表面生辐射状小梗，小梗为单层或双层，小梗上有成串的分生孢子	曲霉具有多种活性强大的酶系，可用于工业生产，如黑曲霉，能产生抗坏血酸、柠檬酸、葡萄糖酸和没食子酸等多种有机酸
青霉属 （*Penicillium*） 如产黄青霉、橘青霉、点青霉等	青霉的营养菌丝体为无色、浅色或具鲜明颜色，有横隔，分生孢子梗亦有横隔，基部无足细胞，顶端形成扫帚状的分枝，称帚状枝	青霉在工业上有很高的经济价值，例如青霉素生产、干酪加工及有机酸的制造等，但有时也是水果、食品及工业产品中的有害菌

（五）霉菌形态的观察方法

1. 直接制片观察法

霉菌菌丝较粗大，细胞易收缩变形，而且孢子容易飞散，所以制作标本时常于乳酸酚棉蓝染色液中制成霉菌制片镜检。

2. 载玻片培养观察法

载玻片培养观察法是接种霉菌孢子于载玻片的适宜培养基上，接种后盖上盖玻片培养，霉菌即在载玻片和盖玻片之间的有限空间内沿着盖玻片横向生长。培养一定时间后，将载玻片上的培养物置于显微镜下观察。

3. 玻璃纸培养观察法

玻璃纸培养观察法是利用玻璃纸的半透膜特性及透光性，使霉菌生长在覆盖于琼脂培养基表面的玻璃纸上，然后将带菌的玻璃纸剪取一小片，贴放在载玻片上用显微镜观察。

三、问题探究

1. 霉菌制片为何选择乳酸酚棉蓝染色液？

霉菌菌丝细胞容易收缩变形，孢子容易飞扬，乳酸酚棉蓝染色液是霉菌制片中常用的固定液，它可使菌丝体分散开，细胞不易变形，并具有染色、杀菌的作用。

2. 直接观察霉菌制片时为何在边缘取样？

一是菌落边缘菌丝较少，容易控制取样数量；二是菌落边缘的菌丝大多是新生菌丝，尚未老化，形态特征比较明显，具有代表性。

四、完成预习任务

1. 阅读学习相关资源，归纳霉菌制片相关知识。
2. 绘制操作流程小报并初拟实验方案。
3. 完成老师发布的预习小测验等相关预习任务，手机扫码完成课前测试。

霉菌制片及
形态观察课前
测试

🔔 提示

在整个任务实施过程中应严格遵守实验室用水、用电安全操作指南及实验室各项规章制度和玻璃器皿的安全使用规范。

🖐 任务实施

一、实验准备

1. 仪器与材料

配图	仪器与材料	操作说明
	（1）显微镜、玻片、接种针、培养皿、烧杯、滤纸、玻棒、解剖刀、酒精灯、试管、镊子、吸量管等 （2）实验用霉菌平板和霉菌斜面试管	（1）显微镜轻拿轻放，以保证安全； （2）显微镜在工作时，必须按照操作规程使用，防止损坏

2. 培养基与试剂

配图	培养基与试剂	操作说明
	查氏琼脂培养基、马铃薯琼脂培养基	根据培养基配制说明配制培养基，并按要求做好个人防护

配图	培养基与试剂	操作说明
乳酸酚 棉蓝染色液	（1）乳酸酚棉蓝染色液： 苯酚（结晶酚）20g，乳酸20mL，甘油40mL，棉蓝0.05g，蒸馏水20mL （2）其他试剂： 50%乙醇、20%甘油	乳酸酚棉蓝染色液的制备： 将棉蓝溶于蒸馏水中，再加入其他成分，加热使其溶解，冷却后备用

二、实施操作

1. 直接制片观察法

配图	操作步骤	操作说明
	（1）制片： 在洁净载玻片中央加一滴乳酸酚棉蓝染色液（少量即可）	—
	（2）挑取菌丝： 用接种针挑取霉菌平板边缘带有少量孢子的菌丝	控制挑取量，不要过多
	（3）先于50%乙醇中浸一下，洗去脱落的孢子，再置于染色液中	轻轻浸入

配图	操作步骤	操作说明
	（4）小心将菌丝挑散开，盖上盖玻片	注意避免出现气泡，从盖玻片一边盖向另一边
	（5）镜检： 先用低倍镜观察，必要时再换高倍镜	仔细观察，绘图

2. 载玻片培养观察法

配图	操作步骤	操作说明
	（1）培养小室的灭菌： 在培养皿皿底铺一张略小于皿底的圆形滤纸片，再放一U形玻棒，其上放一洁净载玻片和两块盖玻片，盖上皿盖、包扎后于121℃灭菌30min，烘干备用	—
	（2）琼脂块的制作： 分别取已灭菌并溶化冷却至约50℃的马铃薯琼脂培养基6~7mL，注入另一灭菌的空培养皿中，使之凝固成薄层，在凝固后的平板背部用油性笔画下约（1~1.2）cm×（1~1.2）cm的方格，通过无菌操作，用解剖刀沿画下的方格线将其切成方形的琼脂块	解剖刀使用前应在酒精灯上灼烧，冷却后再进行切割操作
	（3）接种： 用已灭菌的接种针挑取少量霉菌孢子，接种于琼脂块的边缘，用镊子将盖玻片盖在琼脂块上，轻轻再盖上盖子	（1）注意无菌操作； （2）接种量适宜，避免菌丝过于稠密影响观察； （3）盖玻片不宜盖得太紧

配图	操作步骤	操作说明
	（4）培养： 加无菌的20%甘油3~5mL，用于保持皿内相对湿度，置于28℃下培养	—
	（5）显微镜观察	—

3. 玻璃纸培养观察法

配图	操作步骤	操作说明
	（1）向霉菌斜面试管中加入5mL无菌水，振荡洗下霉菌上的孢子，制成孢子悬浮液	振荡时动作轻缓，避免孢子悬浮液溅到试管塞上
	（2）用无菌镊子，将已灭菌的直径与培养皿相同的圆形玻璃纸覆盖于查氏培养基平板上	覆盖时动作轻缓，避免产生气泡
	（3）用1mL无菌吸量管吸取0.1mL孢子悬浮液于上述平板中的玻璃纸上，并用无菌玻璃棒涂抹均匀	—

配图	操作步骤	操作说明
	（4）置于28℃培养箱中培养48h后取出培养皿，打开皿盖，用镊子将玻璃纸于培养基中分开，再用剪刀剪取一小片玻璃纸置于载玻片上，用显微镜观察	—

三、记录原始数据（表 1-5）

表1-5　霉菌制片及形态观察数据记录表

菌种	放大倍数	视野中的霉菌	特征描述
曲霉菌			
青霉菌			
毛霉菌			
根霉菌			

▪ 评价反馈 ▪

"霉菌制片及形态观察"考核评价表

学生姓名：_____　　　　班级：_____　　　　日期：_____

评价方式	考核项目	评价项目	评价要求	不合格	合格	良	优
自我评价（10%）	相关知识	了解霉菌的相关知识	相关知识输出正确（1分）	0	1	—	2
		掌握霉菌形态观察的方法	能够说出霉菌形态观察方法（1分）				
	实验准备	能正确配制实验试剂	配制试剂正确（4分）	0	4	6	8
		能正确准备仪器	仪器准备正确（4分）				
学生互评（20%）	操作技能	能熟练完成霉菌制片并用显微镜进行观察	实验过程中操作规范熟练（15分）	0	5	10	15

续表

评价方式	考核项目		评价项目	评价要求	不合格	合格	良	优
学生互评（20%）	操作技能		能正确、规范记录结果并进行数据分析	原始数据记录准确、分析结果正确（5分）	0	3	4	5
教师学业评价（70%）	课前	通用能力	课前预习任务	课前任务完成认真（5分）	0	3	4	5
	课中	专业能力	实际操作能力	能按照操作规范进行制片操作，能准确观察霉菌形态，显微镜视野定位准确、清晰（10分）	0	6	8	10
				霉菌制片方法正确（10分）	0	6	8	10
				显微镜使用方法正确（10分）	0	6	8	10
				霉菌形态绘图准确规范（10分）	0	6	8	10
		工作素养	发现并解决问题的能力	善于发现并解决实验过程中的问题（5分）	0	5	10	15
			时间管理能力	合理安排时间，严格遵守时间安排（5分）				
			遵守实验室安全规范	（显微镜搬运、显微镜使用、物镜切换、调节焦距等）符合安全规范操作（5分）				
	课后	技能拓展	用直接制片观察法完成青霉的形态观察	正确规范完成（5分）	0	5	—	10
总分								

注：①每个评分项目里，如出现安全问题则为0分；
　　②本表与附录《职业素养考核评价表》配合使用。

■ 学习心得

● 拓展训练

○ 用直接制片观察法完成青霉的形态观察，绘制相关操作流程小报并录制视频。

（提示：利用互联网、国家标准、微课等。）

○ 拓展所学任务，查找线上相关知识，加深相关知识的学习。

（例如，中国大学MOOC https://www.icourse163.org/；智慧职教 https://www.icve.com.cn等。）

巩固反馈

1. 霉菌是指：_____。

2. 霉菌的菌丝按功能分为：_____、_____、_____。

3. 常用的霉菌观察法有：_____、_____、_____。

4. 霉菌的无性孢子有哪些？它们各有什么特点？

5. 霉菌的有性孢子有哪些？它们各有什么特点？

6. 学生课后总结所学内容，与老师和同学进行交流讨论并完成本任务的教学反馈。

任务4　啤酒中酵母菌形态观察及显微镜计数

学习目标

知识 目标	1.了解酵母菌在食品加工中的应用和检验意义。 2.掌握酵母菌的定义和分类。 3.掌握酵母菌形态观察及显微镜计数的流程。
技能 目标	1.能正确查找相关资料获取酵母菌形态结构及相关知识。 2.能够独立进行酵母菌形态观察及显微镜计数。 3.能进行酵母菌形态观察及显微镜计数记录与报告。
素养 目标	1.能严格遵守实验现场7S管理规范。 2.能正确表达自我意见，并与他人良好沟通。 3.践行社会主义核心价值观，增强团队合作意识，树立团队合作精神。 　形成求实的科学态度、严谨的工作作风，弘扬工匠精神。

● 任务描述

　　在啤酒酵母菌种扩大培养和啤酒发酵期间，需要定期检查菌种扩培液和啤酒发酵液中的酵母菌数，因为酵母菌数是判断菌种在扩培阶段的生长繁殖情况和啤酒发酵过程是否正常的重要指标之一。本任务将对啤酒发酵液中的酵母菌进行形态观察和计数。我们将按照如图1-27和图1-28所示内容完成学习任务。

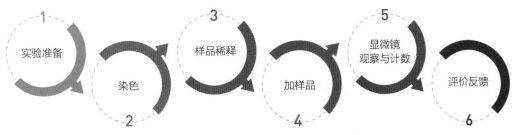

图1-27　"任务4　啤酒中酵母菌形态观察及显微镜计数"实施环节

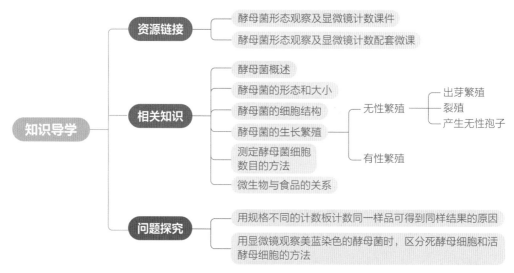

图1-28 "啤酒中酵母菌形态观察及显微镜计数"知识思维导图

任务要求

1. 独立完成啤酒中酵母菌形态观察及显微镜计数。
2. 学会使用血球计数板。

思政园地

　　团结就是力量，团结才能胜利。

知识链接

一、资源链接

　　通过网络获取GB 4789.15—2016《食品安全国家标准　食品微生物学检验　霉菌和酵母计数》及JJG 196—2006《常用玻璃量器检定规程》、GB/T 602—2002《化学试剂　杂制质测定用标准溶液的制备》、GB/T 603—2023《化学试剂　试验方法中所用制剂及制品的制备》、GB/T 8170—2008《数值修约规则与极限数值的表示和判定》等相关资料。

啤酒中酵母菌形态观察及显微镜计数课件

啤酒中酵母菌形态观察及显微镜计数配套微课

　　通过手机扫码获取啤酒中酵母菌形态观察及显微镜计数课件及配套微课。

二、相关知识

（一）酵母菌概述

酵母菌是指以出芽为主的低等单细胞真菌的总称。酵母菌种类繁多，现今已知的有几百种，它们分布广泛，主要在偏酸、潮湿、含糖较高的环境中生存，如果蔬、植物叶子表面及土壤中，在牛乳、动物排泄物以及空气中也有酵母菌的存在。

酵母菌与人类的关系越来越密切，它在食品、医药、化工等行业中不可缺少。在食品行业中，酵母菌可用来酿酒，制作美味可口的面包，生产调味品等；在医药行业中，许多药品的生产都离不开酵母菌的参与。

（二）酵母菌的形态和大小

酵母菌菌体的形态各异，呈椭圆形、圆球形、卵形、柠檬形、腊肠形、藕节形以及丝状，菌体大小比细菌的单细胞个体要大得多，一般为（1~5）μm×（5~30）μm，其最大的可达100μm，菌落形态类似细菌，但大多数酵母菌的菌落比细菌菌落要大，为3~5mm，也有些酵母菌的菌落直径只有1mm左右或更小。酵母菌无鞭毛，不能游动。

（三）酵母菌的细胞结构

酵母菌细胞的细胞结构（图1-29）包括细胞壁、细胞膜、细胞核及细胞质等基本结构以及核糖体等细胞器，还具有真核细胞特有的结构和细胞器，有的菌体还有芽痕、诞生痕。

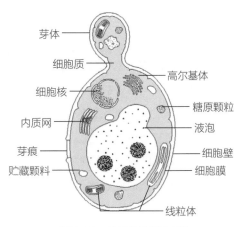

图1-29　酵母菌的细胞结构

酵母菌细胞壁的化学成分有葡聚糖和甘露糖、蛋白质和类脂、壳多糖、无机盐等。酵母菌细胞膜由磷酸双分子层构成，其间镶嵌着固醇和蛋白质，是选择性透过膜。酵母菌的细胞核由多孔核膜包裹着，其核仁是比较稠密的球形构造，主要成分是核酸和蛋白质。细胞核就是遗传物质的主要贮存库，其主要功能是携带遗传信息，控制细胞的增殖和代谢。细胞质的主要成分是蛋白质，其中含有丰富的酶、各种内含物及中间代谢产物等，所以细胞质是细胞代谢活动的重要场所，同时细胞质还赋予细胞一定的机械强度。

（四）酵母菌的生长繁殖

酵母菌的生长繁殖，分为无性繁殖和有性繁殖两种，以无性繁殖为主。无性繁殖是指不经过性细胞的结合，由母体直接产生子代的生殖方式，主要分为芽殖、裂殖和产生无性孢子。有性繁殖方式就是产生子囊孢子。凡是只进行无性繁殖的酵母称为假酵母，能进行有性繁殖产生子囊孢子的酵母称为真酵母。

1. 无性繁殖

（1）出芽繁殖　出芽繁殖又称芽殖，是酵母菌进行无性繁殖的主要方式（图1-30），成熟的酵母菌细胞先长出一个小芽，芽细胞长到一定程度脱离母细胞继续生长，而后再出芽形成一个新的个体，如此循环往复，平均每个成熟的酵母菌通过出芽繁殖，可产生24个子细胞。芽殖发生在细胞壁的顶点上，会留下芽痕。每个酵母细胞都至少有一个芽痕。

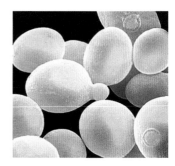

图1-30　酵母菌无性繁殖

（2）裂殖　少数酵母菌进行无性繁殖的方式类似于细菌的裂殖。其过程是细胞延长，细胞核一分为二，细胞的中央出现隔膜将细胞横分为两个具有单核的子细胞。

（3）产生无性孢子　有的酵母菌可以形成一些无性孢子进行繁殖，如厚垣孢子和节孢子等。

2. 有性繁殖

有性繁殖是指通过两个具有性别差异的细胞相互接合形成新个体的繁殖方式。有性繁殖过程一般分为三个阶段，即质配、核配和减数分裂。

酵母菌以形成子囊和子囊孢子的方式进行有性繁殖。质配是两个邻近的酵母细胞各伸出一根管状的原生质突起，相互接触融合并形成一个通道。核配是两个细胞核在此通道内结合形成双倍体细胞核。减数分裂是双倍体细胞核进行减数分裂，形成四个或八个细胞核，再与其周围的原生质形成孢子，即为子囊孢子。形成子囊孢子的细胞称为子囊，子囊孢子成熟后子囊破裂，释放出子囊孢子。

（五）测定酵母菌细胞数目的方法

测定微生物细胞数目的方法很多，有显微镜直接计数法、平板计数法、血球计数板法以及分光光度法等。直接计数法快速简便，但不能区别死、活菌体，测得的是总数。平板计数法测定的是活菌数，测定结果往往比直接计数法偏小。分光光度法比较简便，易操作，但是会使数据严重偏大。

1. 显微镜直接计数法

　　显微镜直接计数法是将少量待测样品的悬浮液置于一种特别的具有确定面积和容积的载玻片上(又称计菌器)，于显微镜下直接计数的一种简便、快速、直观的方法。由于计数室的容积是一定的（0.1mm³），所以可以根据在显微镜下观察到的微生物数目来换算成单位体积内的微生物总数目，悬液的稀释度以每个计数室中的小格含有4~5个细胞为宜。

2. 平板菌落计数法

　　平板菌落计数法可分为两种：一种是涂布平板法；另一种是倾注平板法。其中，涂布平板法是将样品稀释后取一定量涂布于平板培养皿表面，经培养后计数。倾注平板法是将灭菌琼脂培养基与一定量的稀释样品在培养皿中混匀，凝固后经过培养再计数。一般用9cm的培养皿，每一个稀释度做3个培养皿培养，取其平均值，通常每个平板长出30~300个菌落为宜。由菌落数乘以稀释倍数，即可得到每毫升原液中的菌体个数。平板菌落计数法是教学、科研以及食品检验中最常用的一种活菌计数法，它适用于特定水、土壤、食品、化妆品及其材料的活菌测定。

3. 血球计数板法

　　（1）基本原理　利用血球计数板在显微镜下直接计数，是一种常用的微生物计数方法。此法的优点是直观、快速。将经过适当稀释的菌悬液（或孢子悬液）放在血球计数板载玻片与盖玻片之间的计数室中，在显微镜下进行计数。由于计数室的容积是一定的（0.1mm³），所以可以根据在显微镜下观察到的微生物数目来换算成单位体积内的微生物总数目。由于此法计得的是活菌体和死菌体的总和，故又称总菌计数法。

　　（2）血球计数板的构造及使用方法　血球计数板，通常是一块特制的载玻片，其上由四条槽构成三个平台。中间的平台又被一短横槽隔成两半，每一边的平台上各刻有一个方格网，每个方格网共分九个大方格，中间的大方格即为计数室，微生物的计数就在计数室中进行。计数室的刻度一般有两种规格，一种是一个大方格分成16个中方格，而每个中方格又分成25个小方格；另一种是一个大方格分成25个中方格，而每个中方格又分成16个小方格。但无论是哪种规格的计数板，每一个大方格中的小方格数都是相同的，即16×25=400个小方格（图1-31）。

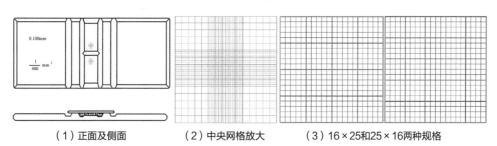

　　　（1）正面及侧面　　　（2）中央网格放大　　　（3）16×25和25×16两种规格

图1-31　血球计数板结构图

每一个大方格边长为1mm，则每一大方格的面积为1mm^2，盖上盖玻片后，载玻片与盖玻片之间的高度为0.1mm，所以计数室的容积为0.1mm^3。

（3）血球计数板的使用方法　在计数时，通常数5个中方格的总菌数，求得每个中方格的平均值，再乘上16或25，就得出一个大方格中的总菌数，然后换算成1mL菌液中的总菌数。

下面以一个大方格有25个中方格的计数板为例进行计算。设5个中方格中总菌数为A，菌液稀释倍数为B，那么一个大方格中的总菌数计算如下：

因1mL=1cm^3=1000mm^3

即0.1mm^{3}中的总菌数=$\dfrac{A}{5} \times 25 \times B$

1mL菌液中的总菌数=$\dfrac{A}{5} \times 25 \times 10 \times 1000 \times B = 50000AB$

同理，如果是16个中方格的计数板，设4个中方格的总菌数为A，则：

1mL菌液中的总菌数=$\dfrac{A}{4} \times 16 \times 10 \times 1000 \times B = 40000AB$

（六）微生物与食品的关系

1. 微生物在食品制造中的应用

（1）微生物菌体的应用　乳酸菌可用于蔬菜、乳类及其他多种食品的发酵，还可以从微生物菌体中获得单细胞蛋白。

（2）微生物代谢产物的应用　人们食用的某些食品是微生物发酵的代谢产物，如酒类、食醋、氨基酸、有机酸、维生素等。

（3）微生物酶的应用　很多食品是利用微生物产生的酶将原料中的成分分解而制成的，如豆腐乳、酱油等。微生物酶制剂在食品及其他工业中的应用日益广泛。

2. 微生物引起的食品腐败变质

微生物的污染是引起食品腐败变质的最主要原因，这些微生物通常广泛存在于土壤、空气、水、动物和人的粪便中，在从事食品经营时，如果不注意卫生就会被微生物污染。在适宜的环境条件下，这些微生物可以大量繁殖，使食品发生一系列变化以至腐败变质。

有些微生物是致病的病原菌，有些微生物可以产生毒素，如果人们食用含有大量病原菌或微生物毒素的食物，严重时可引起食物中毒，影响身体健康甚至危及生命。所以，食品微生物学工作者应该设法控制或消除微生物对人类的有害作用，同时采用现代检测手段对食品中的微生物进行检测，以保证食品安全。

三、问题探究

1. 为什么用规格不同的计数板计数同一样品，结果是一样的？

计数板的计数是根据在显微镜下观察到的微生物数目来换算成单位体积内的微生物总数

目。虽然计数板规格不同，但所测样品相同，因此当换算成等体积样品时，所测微生物总数目是相同的。

2. 用美蓝对酵母菌染色，通过显微镜观察时如何区分死酵母细胞和活酵母细胞？

　　用美蓝对酵母菌细胞进行染色，由于活细胞是无色的，而死细胞或代谢作用微弱的衰老细胞则呈蓝色或淡蓝色。美蓝是一种无毒性的染料，它的氧化型呈蓝色，还原型无色，用美蓝对酵母菌的活细胞染色时，由于细胞的新陈代谢作用，细胞内具有较强的还原能力，故能使美蓝由蓝色的氧化型变为无色的还原型。

四、完成预习任务

1. 阅读学习相关资源，归纳酵母菌形态观察及显微镜计数的相关知识。
2. 绘制操作流程小报并初拟实验方案。
3. 完成老师发布的预习小测验等相关预习任务，手机扫码完成课前测试。

啤酒中酵母菌形态观察及显微镜计数课前测试

🖱 任务实施

🔔 **提示**

在整个任务实施过程中要严格遵守实验室用水、用电安全操作指南及实验室各项规章制度和玻璃器皿的安全使用规范。

一、实验准备

1. 仪器用具

配图	仪器与用具	说明
	显微镜，血球计数板，盖玻片，无菌吸量管，无菌试管，滴管，酒精灯等	显微镜使用时持镜须右手握臂、左手托座，不可单手提取；搬动时轻拿轻放，不可把显微镜放在实验台边缘部位；时刻保持显微镜清洁
	滤纸、擦镜纸、95%乙醇棉球等	—

2. 试剂配制

配图	试剂及配制方法	操作说明
	（1）生理盐水： 称取9g氯化钠，溶液定容至1000mL容量瓶中； （2）其他试剂： 75%酒精、95%乙醇等	在试管中加入生理盐水9mL，并在高压蒸汽灭菌锅中灭菌
	0.05%的美蓝染液	—

二、实施操作

1. 消毒（同项目一任务2中的消毒步骤）

2. 检查血球计数板

配图	操作步骤	操作说明
	（1）加样前，检查血球计数板是否洁净，若有污物，可用清水冲洗	—
	（2）用95%的乙醇棉球轻轻擦洗，然后用吸水纸吸干或用吹风机吹干	计数板上的计数室刻度非常精细，清洗时切不可用刷子等硬物，以免破坏网格刻度；不可用酒精灯烘烤计数板

3. 染色

配图	操作步骤	操作说明
	（1）取5支生理盐水试管，用油性笔标注10^{-1}、10^{-2}、10^{-3}、10^{-4}、10^{-5}，依次排列到试管架上	采用无菌操作技术进行操作

配图	操作步骤	操作说明
	（2）向啤酒发酵液中加入适量美蓝染液，放置3min	取样时应先将样品摇匀，同时避免产生气泡，这样可使酵母菌分布均匀，防止酵母菌凝聚沉淀，以提高计数的准确性和代表性

4. 样品稀释

配图	操作步骤	操作说明
	（1）用1mL无菌吸量管吸取酵母液1mL，放入标有10^{-1}字样的试管中，吹吸3次，让菌液混合均匀，即成10^{-1}稀释液	在进行连续稀释时，要将菌液混合均匀后再吸取稀释液进行匀液的稀释
	（2）用另一支1mL无菌吸量管吸取10^{-1}稀释液1mL，放入标有10^{-2}字样的试管中，吹吸3次，让菌液混合均匀，即成10^{-2}稀释液	每配制一个稀释度更换一支吸量管，不能用一支吸量管进行一系列稀释，要保证显微镜直接计数数据的准确性
	（3）以此类推，连续稀释，制成10^{-3}、10^{-4}、10^{-5}等系列稀释菌液	—

5. 加样品

配图	操作步骤	操作说明
	（1）在计数板上盖上一块洁净的盖玻片	—
	（2）用无菌滴管吸取少许酵母液沿盖玻片边缘滴一小滴，让菌液沿缝隙靠毛细渗透作用进入计数室	取样时先将样品摇匀，同时避免产生气泡，这样可使酵母菌分布均匀，防止酵母菌凝聚沉淀，提高计数的准确性和代表性；加样时计数室不可有气泡产生

配图	操作步骤	操作说明
	（3）用镊子轻压盖玻片，以免因菌液过多将盖玻片顶起而改变了计数室容积	—
	（4）加样后静止5min，使细胞自然沉落	便于下一步进行计数

6. 显微镜观察

配图	操作步骤	操作说明
	将血球计数板固定于载物台上，先在低倍镜下找到计数区后，再转到高倍镜下观察	—
	记录观察到的菌数、活酵母菌细胞、老酵母菌细胞、死酵母菌细胞、出芽酵母菌细胞，将结果填写入原始数据记录表中	着深蓝色的为死酵母菌细胞，淡蓝色的为老酵母菌细胞，无色为活酵母菌细胞

7. 清洗

配图	操作步骤	操作说明
	使用完毕，将血球计数板及盖玻片冲洗干净，用吸水纸吸干，再用95%乙醇棉球轻轻擦拭后用水冲洗干净、晾干，放回盒中	进行计数后应马上将计数板和盖玻片清洗干净，以便下次使用，清洗时应用力较轻，以免损坏网格刻度

三、啤酒中酵母菌计数的原始记录与报告

1. 显微镜计数方法

（1）样品区域要求每个小格内有5～10个菌体。

（2）当出芽的酵母菌的芽体达到酵母细胞的一半时，即可作为两个菌体计算。当菌体处于中格的双线上时，遵循"数上线不数下线，数左线不数右线"的计数法。为提高准确度，每个样品重复2～3次，若误差在统计的允许误差范围内，则可求其平均值。

（3）计数区若由16个中格组成，按对角线方位，数左上、左下、右上、右下4个中格（共100个小格）的菌数。

（4）计数区若由25个中格组成，按对角线方位，数左上、左下、右上、右下4个中格外，还要数中央一个中格（共80个小格）的菌数。

2. 酵母菌的显微镜计数

血球计数板法原始数据记录表见表1-6。

表1-6　血球计数板法原始数据记录表

检验日期：　　　　　　　　　　　　　　　　　　　　　　　　检验员：

计数次数	各中格菌数					总菌数（A）	稀释倍数（B）	菌数/（个/mL）
	1	2	3	4	5			
第一次								
第二次								
第三次								
平均值								

注：酵母菌数的计算方法见相关知识。

3. 酵母菌形态记录

酵母菌形态记录表见表1-7。

表1-7　酵母菌形态观察记录表

检验日期：　　　　　　　　　　　　　　　　　　　　　　　　检验员：

酵母菌细胞形态	各中格酵母菌细胞形态					总数	平均数	形态绘图
	1	2	3	4	5			
活酵母菌细胞								
老酵母菌细胞								
死酵母菌细胞								
出芽酵母菌细胞								

评价反馈

"啤酒中酵母菌形态观察及显微镜计数"考核评价表

学生姓名:＿＿＿＿＿＿＿＿　　班级:＿＿＿＿＿＿＿＿　　日期:＿＿＿＿＿＿＿＿

评价方式	考核项目		评价项目	评价要求	不合格	合格	良	优
自我评价（10%）	相关知识		了解酵母菌形态观察及显微镜计数方法	相关知识输出正确（1分）	0	1	—	2
			掌握菌血球计数板计数原理	能利用检测原理正确解释实验现象（1分）				
	实验准备		能正确配制实验试剂	正确配制试剂（4分）	0	4	6	8
			能正确准备仪器	仪器准备正确（4分）				
学生互评（20%）	操作技能		能正确进行食品中酵母菌形态观察及显微镜计数的操作	实验过程操作规范熟练（15分）	0	5	10	15
			能正确、规范记录结果并进行数据处理	原始数据记录准确、处理数据正确（5分）	0	3	4	5
教师学业评价（70%）	课前	通用能力	课前预习任务	课前任务完成认真（5分）	0	3	4	5
	课中	专业能力	实际操作能力	能按照操作规范进行10倍系列稀释液制备（10分）	0	6	8	10
				能按照操作规范处理样品，使用显微镜进行观察（10分）	0	6	8	10
				正确进行观察计数（10分）	0	6	8	10
				能正确进行数据记录及处理（10分）	0	6	8	10
		工作素养	发现并解决问题的能力	善于发现并解决实验过程中的问题（5分）	0	5	10	15
			时间管理能力	合理安排时间，严格遵守时间安排（5分）				
			遵守实验室安全规范	（酒精灯使用、无菌操作、废弃物的处理等）符合安全规范操作（5分）				
	课后	技能拓展	进行酵母粉中酵母菌形态观察及显微镜计数	正确规范完成（5分）	0	5	—	10
总分								

注：①每个评分项目里，如出现安全问题则为0分；

　　②本表与附录《职业素养考核评价表》配合使用。

● 学习心得

● 拓展训练

○ 完成酵母粉中酵母菌形态观察及显微镜计数，绘制相关操作流程小报并录制视频。

（提示：利用互联网、国家标准、微课等。）

○ 拓展所学任务，查找线上相关知识，加深相关知识的学习。

（例如，中国大学MOOC https://www.icourse163.org/；智慧职教 https://www.icve.com.cn等。）

巩固反馈

1. 血球计数板酵母菌的计数公式：菌液中的总菌数（个/mL）= $\frac{A}{4}$/ $\times 16 \times 10 \times 1000 \times B$，适用于哪种规格的血球计数板（　　　）

A. 16个中格　　　B. 25个中格　　　C. 32个中格　　　D. 100个中格

2. 加样品时应该注意什么？

3. 简述酵母菌形态观察及显微镜计数的操作流程。

4. 学生课后总结所学内容，与老师和同学进行交流讨论并完成本任务的教学反馈。

项目二

微生物培养基的制作及灭菌技术

任务1 微生物培养基的制作

学习目标

知识目标	1. 了解微生物生长所需的基本营养及运输方式。 2. 掌握培养基的概念、分类及配制原则。
技能目标	1. 能正确查找相关资料获取培养基的配制方法。 2. 正确进行培养基的分装和无菌检验。 3. 正确配制实验室常用培养基。
素养目标	1. 能严格遵守实验现场7S管理规范。 2. 能正确表达自我意见，并与他人良好沟通。 3. 践行社会主义核心价值观，形成求实的科学态度、严谨的工作作风，领会工匠精神，不断增强团队合作精神和集体荣誉感。

● 任务描述

培养基可用于保证微生物繁殖、鉴定或保持其活力，掌握微生物培养基的制作是学习食品微生物检测的基础。本任务依据GB 4789.28—2013《食品安全国家标准 食品微生物学检验 培养基和试剂的质量要求》进行操作。我们将按照如图2-1和图2-2所示内容完成学习任务。

图2-1 "任务1 微生物培养基的制作"实施环节

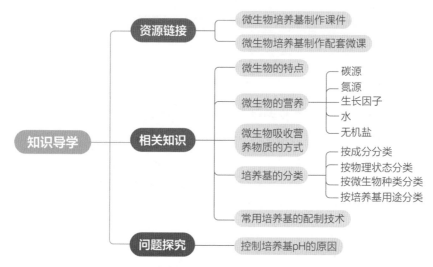

图2-2　"微生物培养基的制作"知识思维导图

▪任务要求

1．正确配制实验室常用培养基。

2．正确进行培养基的分装和无菌检验。

> **思政园地**
>
> 　　青年强，则国家强。当代中国青年生逢其时，施展才干的舞台无比广阔，实现梦想的前景无比光明。

📖知识链接

一、资源链接

　　通过网络获取GB 4789.28—2013《食品安全国家标准　食品微生物学检验　培养基和试剂的质量要求》及JJG 196—2006《常用玻璃量器检定规程》、GB/T 602—2002《化学试剂　杂质测定用标准溶液的制备》、GB/T 603—2023《化学试剂　试验方法中所用制剂及制品的制备》、GB/T 8170—2008《数值修约规则与极限数值的表示和判定》等相关资料。

　　通过手机扫码获取微生物培养基的制作课件及配套微课。

微生物培养基的制作课件

微生物培养基的制作配套微课

二、相关知识

（一）微生物的特点

1. 体积小，比表面积大

微生物的个体极其微小，必须借助显微镜放大几倍、几百倍、几千倍，乃至数万倍才能看清，但微生物的比表面积通常非常大。

2. 吸收多，转化快

由于微生物的比表面积大得惊人，所以与外界环境的接触面特别大，这非常有利于微生物通过体表吸收营养和排泄，就使得其代谢能力很强。

3. 生长旺，繁殖快

在实验室培养条件下细菌几十分钟至几小时就可以繁殖一代。

4. 适应性强，易变异

微生物对"极端环境"具有惊人的适应力，并且微生物也容易受到环境条件的影响产生变异。

5. 分布广，种类多

虽然肉眼无法直接看到微生物，但是它们在地球上几乎无处不在，就连我们人体的皮肤、口腔、胃肠道内都有许多微生物。

（二）微生物的营养

微生物获得与利用营养物质的过程称为微生物的营养。而营养物质是外界环境可为细胞提供结构组分、能量、代谢调节物质和良好生长环境的化学物质。

微生物的细胞化学构成主要包括水和干物质，其中水占80%左右，干物质包括无机物和有机物，有机物又包括蛋白质、多糖、脂类、核酸、维生素、有机酸等。

微生物的营养物质按照在机体中的生理作用不同可分为碳源、氮源、无机盐、水和生长因子。

1. 碳源

凡是可以被微生物利用，构成细胞代谢产物的营养物质，统称为碳源。碳源物质通过细胞内的一些系列化学变化，被微生物用于合成各种代谢产物，微生物对碳源物质的需求极为广泛，根据碳源物质的来源不同可将碳源物质分为无机碳源物质和有机碳源物质。由于微生物所需的碳源、能源不同，将微生物分为光能自养型、光能异养型、化能自养型和化能异养型，其不同碳源见表2-1。

表2-1 不同营养类型微生物的不同碳源

基本类型	能源	基本碳源	代表微生物
光能自养型	光	CO_2	蓝细菌、藻类等
光能异养型	光	CO_2、简单有机物	红螺菌类
化能自养型	无机物	CO_2	硝化细菌、硫细菌、铁细菌
化能异养型	有机物	有机物	绝大多数细菌、全部真核微生物

2. 氮源

微生物细胞中含氮5%～15%，氮是微生物细胞蛋白质和核酸的重要组成成分。氮源主要分为无机氮源（N_2、氨、铵盐、硝酸盐等）和有机氮源（氨基酸、嘌呤、嘧啶、尿素、牛肉膏、蛋白胨等）。

3. 生长因子

生子因子是微生物生长所必需的且需要量很少，但微生物自身不能合成或合成量不足以满足机体生长需要的有机化合物，主要包括维生素、氨基酸、嘌呤、嘧啶（碱基）及其衍生物。

4. 水

水在细胞内以结合水和游离水两种形式存在。结合水是指在细胞内与其他物质结合在一起的水。游离水是指在生物体内或细胞内可以自由流动的水，它是良好的溶剂和运输工具。

5. 无机盐

根据微生物对矿物质元素需要量的不同，将其分为大量元素（P、S、K、Mg、Ca、Na、Fe等）和微量元素（Co、Zn、Mo、Cu、Mn等），这些元素在微生物细胞内都是以无机盐的形式提供的。

（三）微生物吸收营养物质的方式

1. 单纯扩散

当细胞外营养物的浓度高于细胞内时，利用浓度差，营养物从高浓度处向低浓度处进行扩散。营养物质达到细胞内外平衡时，便不再扩散。用此方式运输的物质有：低相对分子质量的简单物质（例如水、CO_2、乙醇）和某些氨基酸分子。

2. 促进扩散

促进扩散依靠浓度差进行，需要细胞膜上的载体蛋白（又称通透酶）的可逆性结合来加快养料的传递速度。细胞膜可诱导产生多种载体蛋白，每种载体蛋白帮助一种物质运输。

3. 主动运输

主动运输是在提供能量的前提下，借助于载体蛋白的作用，将体外的营养物质逆浓度差运送至细胞内，它也是微生物吸收营养物质的主要方式，例如大肠杆菌运送乳糖。

4. 基团转位

基团转位是一种既需要特异性载体蛋白，又需要消耗能量的运输方式，且被运送的营养物质在运送前后会发生分子结构的变化，主要用于运输葡萄糖、果糖、核苷酸、腺嘌呤等物质。

四种微生物营养物质运输方式的比较见表2-2。

表2-2　四种微生物营养物质运输方式的比较

比较项目	单纯扩散	促进扩散	主动运输	基团转位
载体蛋白	无	有	有	有
运输速度	慢	快	快	快
运输方向	由高到低	由高到低	由低到高	由低到高
细胞内外浓度	相同	相同	细胞内浓度高	细胞内浓度高
运输分子	无特异性	有特异性	有特异性	有特异性
能量消耗	不需要	不需要	需要	需要
运输后的物质结构	不变	不变	不变	改变

（四）培养基的分类

培养基是指提供微生物生长繁殖和生物合成各种代谢产物所需要的、按一定比例配制的多种营养物质的混合物，为微生物提供其所需的能量，包括碳源、氮源、无机盐、生长因子及水、氧气等。培养基的种类繁多，按其成分、物理状态、微生物种类和用途，可将培养基分成多种类型。

1. 按成分分类

（1）天然培养基　天然培养基（图2-3）由天然物质制成，如蒸熟的马铃薯和普通牛肉汤，前者用于培养霉菌，后者用于培养细菌。这类培养基的化学成分很不恒定，也难以确定，但配制方便，营养丰富，所以常被采用。

（2）合成培养基　合成培养基（图2-4）的各种成分完全是已知的各种化学物质。这种培养基的化学成分清楚，组成成分精确，重复性强，但价格较贵，而且微生物在这类培养基中生长较慢，如高氏一号合成培养基、察氏（Czapek）培养基等。

（3）复合（半合成）培养基　在天然有机物的基础上适当加入已知成分的无机盐类，或在合成培养基的基础上添加某些天然成分的培养基称为复合（半合成）培养基（图2-5），如培养霉菌用的马铃薯葡萄糖琼脂培养基。这类培养基能更有效地满足微生物对营养物质的需要。

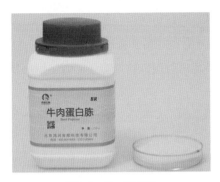

图2-3　天然培养基　　　　　图2-4　合成培养基　　　　图2-5　复合（半合成）
　　　　　　　　　　　　　　　　　　　　　　　　　　　　　　培养基

2. 按物理状态分类

（1）固体培养基　在液体培养基中加入1.5%～2.0%的琼脂，加热至100℃溶解，在40℃下冷却并凝固，使其成为固体状态即为固体培养基（图2-6）。

（2）半固体培养基　在培养液中加入少量的凝固剂（如0.2%～0.5%的琼脂）制成半固体培养基（图2-7），这种培养基常用于观察细菌的运动、厌氧菌的分离和菌种鉴定等。

（3）液体培养基　液体培养基（图2-8）中不加任何凝固剂，这种培养基的成分均匀，微生物能充分接触和利用培养基中的养料，常用于发酵工业中。

图2-6　固体培养基　　　　　图2-7　半固体培养基　　　　图2-8　液体培养基

3. 按微生物种类分类

培养基按微生物的种类可分为细菌培养基、放线菌培养基、酵母菌培养基和霉菌培养基四类。常用的细菌培养基有营养肉汤和营养琼脂培养基；常用的放线菌培养基为高氏一号培养基；常用的酵母菌培养基有马铃薯蔗糖培养基和麦芽汁培养基；常用的霉菌培养基有马铃薯蔗糖培养基、豆芽汁葡萄糖（或蔗糖）琼脂培养基和察氏培养基等。

4. 按培养基用途分类

（1）加富培养基　这是在培养基中加入血清、动植物组织提取液等，用以培养要求比较苛刻的某些微生物的培养基，例如PDA加富培养基。

（2）选择性培养基　这是根据某一种或某一类微生物的特殊营养要求或针对一些具有物理、化学抗性的微生物而设计的培养基。利用这种培养基可以将所需要的微生物从混杂的微生物中分离出来，例如XLD琼脂培养基。

（3）鉴别培养基　这是在培养基中加入某种试剂或化学药品，从而区别不同类型的微生物的培养基，例如麦康凯琼脂培养基。

（五）常用培养基的配制技术

1. 培养基的配制原则

（1）选择适宜的营养物质　不同微生物对营养有着不同的要求，所以，在配制培养基时，首先考虑培养基的营养搭配及搭配比例，明确培养基的用途。

（2）营养物质浓度及配比合适　培养基中营养物质浓度适中才能使微生物良好地生长，营养物质浓度过高或者过低都可能抑制微生物的生长，这主要是对碳源和氮源的比例控制，一般在发酵工业上，发酵用种子的培养基的营养越丰富越好，尤其是氮源要丰富，而对以积累次级代谢产物为发酵目的的发酵培养基，则需要丰富的碳源。

（3）控制pH　微生物一般都有适宜自身的生长pH范围，例如，细菌最适pH在7～8，放线菌最适pH在7.5～8.5，酵母菌最适pH在3.8～6.0，霉菌最适pH在4.0～5.8。由于微生物在代谢过程中会不断分泌代谢产物，影响培养基pH，所以还需要在培养基中加入缓冲物质（例如磷酸盐）发挥调解作用。

（4）灭菌处理　在微生物纯培养期间需要避免杂菌污染，因此需要对器材和工作场所进行消毒和灭菌。培养基通常采用高压蒸汽灭菌法进行灭菌。

2. 培养基的质量控制

（1）物理指标　液体培养基要求透明、澄清、无杂质；固体培养基要求无絮状物或沉淀，凝胶强度适宜，用接种环划线时不被划破为宜。

（2）微生物学指标控制　从每批制备好的培养基中至少选取一个（或1%）平板或试管，置于按特定标准规定的温度、时间等条件下培养。

3. 培养基存放条件

（1）一般要求　应严格按照供应商提供的贮存条件、有效期和使用方法进行保存和使用。

（2）实验室自制培养基的要求　在保证其成分不会改变的条件下保存，通常为避光、干燥保存，必要时在5℃±3℃冰箱中保存，通常建议平板贮存不超过2～4周，瓶装及试管装培养基贮存不超过3～6个月。含有活性化学物质或不稳定性成分的固体培养基也应即配即用，不可二次融化。培养基的贮存时间应不超过经验证的有效期，应观察培养基是否有颜色变化、有蒸发（脱水）或有微生物生长现象，当培养基发生这类变化时，应禁止使用。

三、问题探究

为何要控制培养基的pH?

　　因为不同微生物所需环境的pH不同，同时在微生物的生长过程中由于营养物质的分解、代谢产物的积累，培养基的pH也会发生改变，故培养基在配制时以及在微生物培养过程中都需要调节pH。

四、完成预习任务

1. 阅读学习相关资源，归纳培养基配制的相关知识。
2. 绘制操作流程小报并初拟实验方案。
3. 完成老师发布的预习小测验等相关预习任务，手机扫码完成课前测试。

微生物培养基
的制作课前
测试

🖱 **任务实施**

🔔 **提示**

在整个任务实施过程中应严格遵守实验室用水、用电安全操作指南及实验室各项规章制度和玻璃器皿的安全使用规范。

一、实验准备

1. 仪器与设备

配图	仪器与设备	说明
	电热干燥箱	（1）干燥箱外壳必须良好、有效接地，以保证安全； （2）干燥箱在工作时，必须将风机开关打开，使其运转，否则箱内温度和测量温度误差很大，且易引起电机或传感器烧坏
	电子天平（感量为0.01g）	称量完毕后，及时取出被称物品，并保持天平清洁

配图	仪器与设备	说明
	灭菌锅	（1）检测高压灭菌锅底部的水是否足够，如果不足，加双蒸水至液面稍微溢出底孔； （2）高压瓶装液体时要将瓶口拧松，高压物品要粘好，以防其在内部散落； （3）选择合适的灭菌模式； （4）压力表指针指"0"，温度降至60℃以下才可打开锅盖，瓶装的物品将瓶口拧紧放置在无菌环境中，固体应该立即转移至烘箱中
	恒温水浴锅	（1）设备安装前应将水浴锅放在平整的工作台上，先进行外观的检查，整体外观应无破损，仪表外观应完整，导线绝缘良好，插头完好，电源开关灵活； （2）通电前先向水浴锅的水槽中注入清水（有条件请用蒸馏水，可减少水垢），水浴锅加注清水后应不漏水，液面距上口应保持2～4cm的距离，以免水溢出到电气箱内，损坏器件； （3）水浴锅长期不使用时，应将水槽内的水放净并擦拭干净，定期清除水槽内的水垢
	酒精灯	（1）使用酒精灯前应该先检查灯芯是否良好； （2）检查灯内有无酒精，当酒精少于其容积1/4时应添加酒精，以不超过其容积的2/3为宜； （3）不能用酒精灯去引燃另一个酒精灯，以免酒精流出引起火灾；用酒精灯加热时要用火焰的外焰； （4）使用完后用灯帽盖灭，不可用嘴吹灭
	培养皿、锥形瓶、烧杯、试管、量筒、漏斗等	（1）洗涤玻璃器皿应符合要求，否则对实验结果的准确度和精确度均有影响； （2）量筒必须放平，读数时视线要跟量筒内液体的凹液面的最低处保持水平

2. 材料与试剂

配图	材料与试剂	说明
	牛皮纸、绳子	—
	牛肉膏、蛋白胨、氯化钠、琼脂及75%酒精等	—

二、实施操作（营养琼脂培养基的制备）

1. 消毒（同项目一任务2的消毒步骤）

2. 计算

配图	操作步骤	操作说明
	按照配方中的比例计算配制500mL培养基所需试剂的量	（1）计算过程应认真、仔细； （2）1L营养琼脂培养基配方：牛肉膏3g；蛋白胨10g；氯化钠5g；琼脂15～20g；蒸馏水定容至1000mL

3. 称量

配图	操作步骤	操作说明
	用普通天平按照计算结果依次称取所需试剂，并将所需试剂一次取齐，置于天平左侧，每种称取完毕后，移放于右侧	（1）各种成分需精确称取； （2）称取过程最好一次完成，不要中断，以免出错； （3）蛋白胨极易吸湿，称取过程要迅速

4. 溶化

配图	操作步骤	操作说明
	将称量的试剂放入大烧杯或大烧瓶中，置于电炉上溶化，溶化后关闭电炉开关	（1）溶化时实验人员不得离开，要控制电炉加热温度，避免培养基沸腾后从瓶口溢出； （2）溶化过程需不断用玻璃棒进行搅拌，以免培养基发生焦化

5. 初调pH

配图	操作步骤	操作说明
	在调pH前，先用精密pH试纸测量培养基的原始pH，如果pH偏酸，用滴管向培养基中逐滴加入0.1mol/L NaOH，边加边搅拌，并随时用pH试纸测其pH，直至pH达到7.6为止；反之，则用0.1mol/L HCl进行调节	（1）用玻璃棒蘸取培养基测pH； （2）pH不要调过头，以免回调，影响培养基内各离子浓度

6. 分装

配图	操作步骤	操作说明
	将调好pH的培养基分装到锥形瓶中，分装时用玻璃棒将培养基导入到锥形瓶中	（1）分装量不得超过容器体积的2/3； （2）分装最好在培养基温度较高时进行，这时培养基处于溶化状态，便于倾倒

项目二 微生物培养基的制作及灭菌技术

7. 包扎

配图	操作步骤	操作说明
	（1）在锥形瓶管口塞入棉塞或硅胶塞； （2）用双层牛皮纸包裹棉塞（硅胶塞）及瓶口； （3）用棉绳对其进行捆绑，捆绑位置在瓶颈处	（1）棉塞（硅胶塞）要塞严； （2）牛皮纸要覆盖整个瓶口直至锥形瓶颈处

8. 灭菌

配图	操作步骤	操作说明
	将包扎好的培养基放入高压灭菌锅进行灭菌	严格按照高压灭菌方法操作

9. 无菌检查

配图	操作步骤	操作说明
	将配好的培养基倒置在37℃恒温箱中培养1~2d，确认无菌后方可使用	检验灭菌效果

71

10. 保藏

配图	操作步骤	操作说明
	将配制好的培养基放入冰箱进行保藏,保藏温度为4℃	保藏时间不要超过1周

三、补充实验操作(琼脂斜面的制备)

1. 分装

配图	操作步骤	操作说明
	将上述所制培养基按量分装入试管内,其分装量应为试管总体积的1/5	避免液体培养基溢出

2. 包扎

配图	操作步骤	操作说明
	在试管管口塞入棉塞或者硅胶塞,取7支或者10支试管为一组用双层牛皮纸进行包扎	(1)包裹试管不宜过度; (2)牛皮纸要覆盖试管的1/4

3. 灭菌(同上述步骤"8. 灭菌")

4. 摆斜面

配图	操作步骤	操作说明
	将灭菌的试管培养基冷却至50℃左右,将试管口端搁置在玻璃棒或者其他合适高度的器具上	(1)搁置长度以不超过试管的1/2为宜; (2)培养基温度不宜过低,以免凝固

5. 保藏（同上述步骤"10. 保藏"）

四、培养基配制原始数据记录表（表2-3）

表2-3　培养基配制原始数据记录表

培养基名称：			配制时间：				配制人：		
试剂名称	纯度	称取量/g	配制量/mL	分装量/mL	pH	灭菌方式	无菌检查（√或×）	备注

= 评价反馈 =

"微生物培养基的制作"考核评价表

学生姓名：_____　　　班级：_____　　　日期：_____

评价方式	考核项目		评价项目	评价要求	不合格	合格	良	优
自我评价（10%）	相关知识		了解微生物的特点及微生物的营养	相关知识输出正确（2分）	0	2	—	3
			掌握培养基的分类	掌握培养基的分类方法（1分）				
	实验准备		能正确配制实验试剂	正确配制试剂（3分）	0	4	6	7
			能正确准备仪器	仪器准备正确（4分）				
学生互评（20%）	操作技能		能正确进行微生物培养基制备	实验过程操作规范熟练（15分）	0	5	10	15
			能正确、规范记录结果并进行数据处理	原始数据记录准确、处理数据正确（5分）	0	3	4	5
教师学业评价（70%）	课前	通用能力	课前预习任务	课前任务完成认真（5分）	0	3	4	5
	课中	专业能力	实际操作能力	能依据书中要求完成填空（10分）	0	6	8	10

续表

评价方式	考核项目		评价项目	评价要求	不合格	合格	良	优
教师学业评价（70%）	课中	专业能力	实际操作能力	能按照操作规范进行培养基的配制，能正确进行相关计算，称量，溶化等操作，并能正确判断培养基澄清状态（10分）	0	6	8	10
				分装、包扎操作正确（10分）	0	6	8	10
				灭菌操作规范（5分）	0	3	4	5
				培养基保存条件正确（5分）	0	3	4	5
		工作素养	发现并解决问题的能力	善于发现并解决实验过程中的问题（5分）	0	5	10	15
			时间管理能力	合理安排时间，严格遵守时间安排（5分）				
			遵守实验室安全规范	（称量、溶化、分装、包扎等）操作符合安全规范（5分）				
	课后	技能拓展	PDA加富培养基的制备	正确规范完成（10分）	0	5	—	10
总分								

注：①每个评分项目里，如出现安全问题则为0分；
    ②本表与附录《职业素养考核评价表》配合使用。

● 学习心得

● 拓展训练

○ 完成PDA加富培养基制备，绘制相关操作流程小报并录制视频。

（提示：利用互联网、国家标准、微课等。）

○ 拓展所学任务，查找线上相关知识，加深相关知识的学习。

（例如，中国大学MOOC https://www.icourse163.org/；智慧职教 https://www.icve.com.cn等。）

巩固反馈

1. 营养琼脂培养基的pH大约在（　　　）

   A. 6.5　　　　　　　B. 7.6　　　　　　　C. 8.0　　　　　　　D. 10.0

2. 将调好pH的培养基分装到锥形瓶中，分装时用玻璃棒将培养基导入到锥形瓶中，分装量不超过容器体积的（　　　）

   A. 1/2　　　　　　　B. 2/3　　　　　　　C. 1/4　　　　　　　D. 没有规定

3. 简述培养基制备的操作流程。

4. 学生课后总结所学内容，与老师和同学进行交流讨论并完成本任务的教学反馈。

任务 2　消毒灭菌技术

学习目标

知识目标	1. 了解消毒灭菌的概念及灭菌仪器的结构。 2. 掌握常用的消毒灭菌方法及其原理。
技能目标	1. 能正确查找相关资料获取培养皿和培养基灭菌的操作方法。 2. 能够正确对玻璃器皿进行包扎。 3. 能正确使用高压蒸汽灭菌锅和干热灭菌箱。
素养目标	1. 能严格遵守实验现场7S管理规范。 2. 能正确表达自我意见，并与他人良好沟通。 3. 践行社会主义核心价值观，弘扬中国传统文化。形成求实的科学态度、具备食品安全责任意识和生物安全防护意识。

▪ 任务描述

在进行微生物检验前，可以通过消毒和灭菌技术，从不同程度上将实验物品和实验环境中的微生物减少甚至完全杀灭，从而减少或消除外来微生物对实验结果的影响，确保微生物检测结果的真实性和准确性。本任务依据GB 14930.2—2012《消毒剂》进行操作。我们将按照如图2-9和图2-10所示内容完成学习任务。

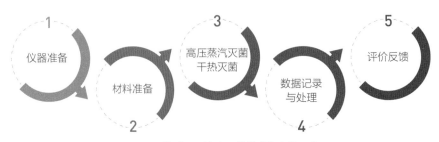

图2-9　"任务2　消毒灭菌技术"实施环节

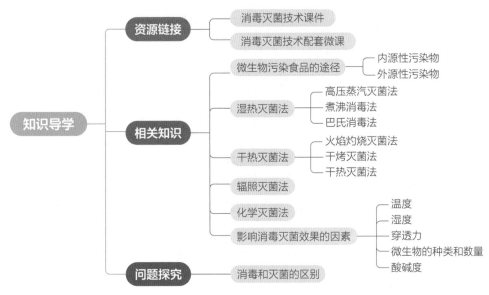

图2-10　"消毒灭菌技术"知识思维导图

▪ 任务要求

1．学会高压蒸汽灭菌法。

2．学会干热灭菌法。

> **思政园地**
>
> 　天行健，君子以自强不息；地势坤，君子以厚德载物。

📖 知识链接

一、资源链接

　　通过网络获取GB 14930.2—2012《食品安全国家标准　消毒剂》及JJG 196—2006《常用玻璃量器检定规程》等相关资料。

　　通过手机扫码获取消毒灭菌技术课件及配套微课。

消毒灭菌技术
课件

消毒灭菌技术
配套微课

二、相关知识

（一）微生物污染食品的途径

食品在生产加工、运输、贮藏、销售以及食用过程中都可能被微生物污染，其污染的途径可分为内源性污染和外源性污染两类。

1. 内源性污染

凡是作为食品原料的动植物体在生活过程中，由于本身带有的微生物而造成食品污染的称为内源性污染，也称第一次污染，如畜禽在生活期间，其消化道、上呼吸道和体表总是存在一定类群和数量的微生物，当受到沙门氏菌、布氏杆菌、炭疽杆菌等病原微生物感染时，畜禽的某些器官和组织内就会有病原微生物的存在。若家禽感染了鸡白痢、鸡伤寒等传染病，其病原微生物可通过血液循环侵入家禽的卵巢，使其所产卵在蛋黄形成时被病原菌污染，含有相应的病原菌。

2. 外源性污染

食品在生产加工、运输、贮藏、销售、食用过程中，通过水、空气、人、动物、机械设备及用具等使食品发生微生物污染则称外源性污染，也称第二次污染。

（1）通过水污染　在食品的生产加工过程中，水既是许多食品的原料或配料成分，也是清洗、冷却、冰冻所不可缺少的物质，设备、地面及用具的清洗也需要大量的水。天然水源包括地表水和地下水。水不仅是微生物的污染源，也是微生物污染食品的主要途径。

（2）通过空气污染　空气中的微生物可能来自土壤、水、人及动植物的脱落物和呼吸道、消化道的排泄物，它们可随灰尘、水滴的飞扬或沉降而污染食品。

（3）通过人及动物接触污染　从事食品生产的人员，如果不保持清洁，就会有大量的微生物附着在皮肤、毛发、衣帽上，再通过与食品接触而造成污染。在食品的加工、运输、贮藏及销售过程中，如果被鼠、蝇等直接或间接接触同样会造成食品的微生物污染。

（4）通过加工设备及包装材料污染　在食品的生产加工、运输、贮藏过程中所使用的各种机械设备及包装材料，在未经消毒或灭菌前，总是会带有不同数量的微生物，因而成为污染食品的途径。

（二）湿热灭菌法

1. 高压蒸汽灭菌法

高压蒸汽灭菌法是基于水在煮沸时所形成的蒸汽不能扩散到外面而聚集在密封的容器内，并随着水的煮沸，蒸汽压力升高，温度也相应增高而灭菌的。在微生物实验室中常用的有手提式高压蒸汽灭菌锅（图2-11）和立式高压蒸汽灭菌锅（图2-12）。

图2-11　手提式高压蒸汽灭菌锅

图2-12　立式高压蒸汽灭菌锅

2. 煮沸消毒法

　　煮沸消毒法即在温度为100℃时煮沸10～20min以杀死所有细菌的繁殖体，芽孢常需要煮沸1～2h才能被杀死。此法常用于饮水和一般器械的消毒，如剪刀等。

3. 巴氏消毒法

　　在食品生产中，有些食物在高温条件下会造成一些营养成分的破坏或食品质量的下降，如牛乳、啤酒等，只能用相对较低的温度进行低温长时间加热消灭病原微生物。这既保证了食品的卫生，又不影响其质量和风味。一般巴氏消毒的温度为62℃，时间30min。

（三）干热灭菌法

　　干热灭菌法主要包括火焰灼烧灭菌法、干烤灭菌法、干热灭菌箱（图2-13）法。

　　细菌的繁殖体在干燥状态下，80～100℃ 1h可被杀死；芽孢需要加热至160～170℃ 2h 才被杀灭。耐高温的和需要保持干燥的物品，如玻璃仪器、金属工具等可以采用这种方法灭菌。

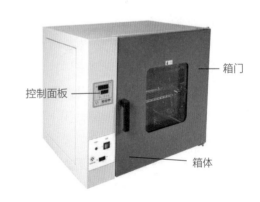

图2-13　干热灭菌箱

（四）辐照灭菌法

　　辐照灭菌法主要包括紫外照射灭菌法和电离辐照灭菌法。

　　紫外照射灭菌法是指用紫外线（能量）照射杀灭微生物的方法，紫外线不但能使核酸蛋白变性，而且能使空气中产生微量臭氧，从而达到杀菌的作用。用于紫外线灭菌的波长一般为200～300nm，灭菌力最强的为254nm。该方法属于表面灭菌，适于照射物体表面灭菌、无菌室空气及蒸馏水的灭菌；不适用于药液的灭菌及固体物料的深度灭菌。

电离辐照灭菌法是指利用γ射线或高能量电子束（阴极射线）进行的灭菌，是一种适用于忌热物品的常温灭菌方法，又称"冷灭菌"。其特点为不使物品升温、穿透力强、操作简便、成本低。

（五）化学灭菌法

1. 熏蒸法

熏蒸法通过加热或加入氧化剂，令消毒剂，如醋酸、环氧乙烷等，呈气体进行消毒。

2. 浸泡法

浸泡法选用杀菌谱广、腐蚀性弱的水溶性消毒剂，如双氧水、食盐等。

3. 擦拭法

擦拭法选用易溶于水、穿透性强的消毒剂擦拭物体表面，如75%乙醇等。

4. 喷雾法

喷雾法借助普通喷雾器或气溶喷雾器，进行空气和物品表面的消毒，如1%漂白粉、0.2%过氧乙酸溶液等。

（六）影响消毒灭菌效果的因素

1. 温度

一般温度越高，消毒灭菌效果越好，例如苯酚、来苏尔溶液加热至40℃以上杀菌作用明显增强。

2. 湿度

空气的相对湿度对气体消毒剂影响显著。一般相对湿度越大，杀菌效果越好，例如，硫黄熏蒸消毒时，空间和用具物品用水喷湿，比干燥时杀菌效果显著提高。

3. 穿透力

物理因子、电离辐射等穿透力较强；紫外线穿透力较弱；化学因子如环氧乙烷、戊二醛等穿透力强，甲醛气体穿透力弱。

4. 微生物种类与数量

不同微生物的抗热能力各有不同，细菌、酵母菌对水分较为敏感，但酵母菌、霉菌的孢子对高温相对不敏感，具有一定的抗热性。

5. 酸碱度

绝大部分微生物在酸性或碱性环境下较易被杀死。

三、问题探究

消毒和灭菌的区别是什么？

灭菌是利用物理或化学方法除去或消灭物质表面或环境中一切微生物的营养体、芽孢和孢子的过程。灭菌后的物品表面不存在活着的微生物及其芽孢或孢子，达到无菌状态。

消毒是利用物理、化学或其他方法杀灭物质表面绝大多数微生物的技术。消毒只要求达到消除传染性的目的，而对非病原微生物及其芽孢、孢子并不严格要求全部杀死。用于消毒的化学药品被称作消毒剂或杀菌剂。

四、完成预习任务

1. 阅读学习相关资源，归纳消毒灭菌技术相关知识。
2. 绘制操作流程小报并初拟实验方案。
3. 完成老师发布的预习小测验等相关预习任务，手机扫码完成课前测试。

消毒灭菌技术
课前测试

📋 任务实施

> 🔔 **提示**
>
> 在整个任务实施过程中应严格遵守实验室用水、用电安全操作指南及实验室各项规章制度和玻璃器皿的安全使用规范。

一、实验准备

1. 仪器与设备

配图	仪器与设备	操作说明
	电热干燥箱	同项目二任务1中电热干燥箱的操作说明
	电子天平（感量为0.01g）	同项目二任务1中电子天平的操作说明

配图	仪器与设备	操作说明
	灭菌锅	同项目二任务1中灭菌锅的操作说明
	酒精灯	同项目二任务1中酒精灯的操作说明
	培养皿、锥形瓶、烧杯、试管、量筒、漏斗等	—

2. 材料

配图	材料准备	操作说明
	牛皮纸、绳子	—

二、实施操作

（一）高压蒸汽灭菌锅

1. 开盖

配图	操作步骤	操作说明
	向左转动手轮数圈，直至转动到顶，使锅盖充分被提起，拉起左立柱上的保险销，向右推开横梁移开锅盖	—

2. 加水

配图	操作步骤	操作说明
	（1）首先将内层灭菌桶取出，再向外层锅内加入适量的水，使水面与三角搁架相平为宜； （2）观察控制面板上的水位灯，当加水至低水位时灯灭，高水位灯亮时停止加水，当加水过多发现内胆有存水时，开启下排汽阀放去内胆中的多余的水	（1）一般情况下，每次灭菌前都应该加水，加水不能太少，否则会烧干或者爆裂； （2）最好加去离子水或者蒸馏水，以免产生水垢

3. 通电

配图	操作步骤	操作说明
	接通电源，此时欠压蜂鸣器响，显示本机锅内无压力，控制面板上的低水位灯亮，锅内处于断水状态	当锅内压力升至约0.03MPa时，蜂鸣器自动关闭

4. 装锅，放入物品

配图	操作步骤	操作说明
	将装好灭菌物品的灭菌篮放回灭菌桶，并装入待灭菌物品	（1）锥形瓶与试管口端均不要与桶壁接触，以免冷凝水淋湿包口的纸而透入棉塞； （2）不要装得太挤，以免妨碍蒸汽流通

5. 加盖、密封

配图	操作步骤	操作说明
	（1）加盖，并将盖上的排气软管插入内层灭菌桶的排气槽内； （2）把横梁推向左立柱内，横梁必须全部推入立柱槽内，手动保险销自动下落锁住横梁，旋紧锅盖	以两两对称的方式同时旋紧相对的两个螺栓，使螺栓松紧一致，避免漏气

6. 设定温度、时间

配图	操作步骤	操作说明
	（1）按确认键，进入温度设定状态，按上下键可以调节温度值； （2）再次按下确认键，进入时间设定状态，按左键或上下键设置需要的时间； （3）再次按动确认键，设定完成，仪器进入工作状态，开始加热升温	—

7. 加压、排气、灭菌

配图	操作步骤	操作说明
	（1）待水蒸气急剧地将锅内的冷空气从排气阀中驱尽之后关闭排气阀； （2）继续加热至高于100℃，使菌体蛋白质凝固变性而达到灭菌的目的	（1）要排尽高压锅内的冷空气，以免造成假压； （2）压力要缓慢升高，以免瓶塞陷落、冲出或玻瓶爆裂

8. 断电、开盖、出锅

配图	操作步骤	操作说明
	（1）灭菌结束后，关闭电源； （2）待压力表指针回落零位后，开启安全阀或排汽排水总阀，放净灭菌室内余气	（1）拿取灭菌锅中的物品时务必戴上手套，以免烫伤； （2）若灭菌后需迅速干燥，应打开安全阀或者排气排水总阀，让蒸汽迅速排出，使物品上残留的水蒸气快速挥发

（二）干热灭菌箱

1. 装入待灭菌物品

配图	操作步骤	操作说明
	（1）将待灭菌的玻璃仪器洗净； （2）将待灭菌物品用牛皮纸包裹好； （3）关闭箱门	（1）灭菌物品不要放太紧，以免妨碍空气流通； （2）灭菌物品不要接触箱内壁，避免灭菌过程中包装纸烧焦起火； （3）严禁使用油纸包裹灭菌物品

2. 升温

配图	操作步骤	操作说明
	（1）接通电源，按下开关，打开电烘箱排气孔，让箱内温度迅速上升； （2）升至100℃时关闭排气孔，直至达到设定温度	加热前必须关好箱门

3. 恒温

配图	操作步骤	操作说明
	（1）当设备的温度升到160～170℃时，恒温调节器会自动控制调节温度； （2）保持此温度2h	（1）灭菌过程中必须有专人进行观察； （2）烘干纸张和棉花时，温度不要超过180℃

4. 降温

配图	操作步骤	操作说明
	切断电源，自然降温	降温前请勿打开箱门取出灭菌物品

5.　开箱取物

配图	操作步骤	操作说明
	（1）待温度降至70℃以下时，打开箱门取出灭菌物品； （2）取物过程应佩戴手套，避免烫伤	若温度急剧下降，会使玻璃器皿破裂，所以只有温度降到70℃以下时，才可打开箱门

三、使用记录表（表2-4）

表2-4　高压湿热灭菌锅/干热灭菌箱使用记录表

使用日期：				使用人：		
灭菌物品	数量/件	压力/ MPa	灭菌温度/ ℃	灭菌时间/ min	有无异常 （有/无）	如何预防 或排除

评价反馈

"消毒灭菌技术"考核评价表

学生姓名：＿＿＿＿＿＿＿　　　　班级：＿＿＿＿＿＿＿　　　　日期：＿＿＿＿＿＿＿

评价 方式	考核 项目	评价项目	评价要求	不 合格	合 格	良	优
自我 评价 （10%）	相关知识	了解影响消毒灭菌的因素	相关知识输出正确（1分）	0	1	—	2
		掌握灭菌的常用方法	常用方法灭菌操作正确（1分）				
	实验准备	能正确配制实验试剂	正确配制试剂（4分）	0	4	—	8
		能正确准备仪器	仪器准备正确（4分）				

续表

评价方式	考核项目		评价项目	评价要求	不合格	合格	良	优
学生互评（20%）	操作技能		能正确进行微生物消毒灭菌技术（干热灭菌、湿热灭菌）	实验过程操作规范熟练（15分）	0	5	10	15
			能正确、规范记录结果并进行数据处理	原始数据记录准确、处理数据正确（5分）	0	3	4	5
教师学业评价（70%）	课前	通用能力	课前预习任务	课前任务完成认真（5分）	0	3	4	5
	课中	专业能力	实际操作能力	能选择合适的消毒灭菌方法（10分）	0	6	8	10
				湿热灭菌操作规范（10分）	0	6	8	10
				干热灭菌操作规范（10分）	0	6	8	10
				无菌操作方法正确（10分）	0	6	8	10
		工作素养	发现并解决问题的能力	善于发现并解决实验过程中的问题（5分）	0	5	10	15
			时间管理能力	合理安排时间，严格遵守时间安排（5分）				
			遵守实验室安全规范	（消毒、酒精灯使用、灭菌）符合安全规范操作（5分）				
	课后	技能拓展	对含有液体培养基的试管进行灭菌	正确规范完成（10分）	0	5	—	10
总分								

注：①每个评分项目里，如出现安全问题则为0分；
②本表与附录《职业素养考核评价表》配合使用。

● 学习心得

● **拓展训练**

　　○ 对含有液体培养基的试管进行灭菌，绘制相关操作流程小报并录制视频。
　　　（提示：利用互联网、国家标准、微课等。）
　　○ 拓展所学任务，查找线上相关知识，加深相关知识的学习。
　　　（例如，中国大学MOOC https://www.icourse163.org/；智慧职教 https://www.icve.com.cn等。）

巩固反馈

1. 关于影响消毒灭菌效果的因素，下述说法错误的是（　　　）
　　A. 凡是消毒剂，其浓度越高消毒效果越好
　　B. 同一消毒剂对不同微生物的杀菌效果不同
　　C. 一般温度升高，可提高消毒效果
　　D. 杀菌剂的杀菌作用受酸碱度影响

2. 消毒灭菌方法的种类很多，对各种方法的特点应该熟练掌握，下列描述中不正确的是（　　　）
　　A. 巴氏消毒法属于干热灭菌法　　　　　B. 流动蒸汽灭菌法属于湿热灭菌法
　　C. 间歇蒸汽灭菌法属于湿热灭菌法　　　D. 加压蒸汽灭菌法属于湿热灭菌法

3. 简述高压蒸汽灭菌锅的使用流程。

4. 学生课后总结所学内容，与老师和同学进行交流讨论并完成本任务的教学反馈。

任务 3 无菌操作技术

学习目标

知识 目标	1．了解微生物检验无菌环境的要求。 2．掌握无菌操作的原则。
技能 目标	1．能正确查找相关资料获取无菌操作的技术要点。 2．能独立完成无菌操作，树立无菌操作意识。
素养 目标	1．能严格遵守实验现场8S管理规范。 2．通过任务实施，不断提高与人的沟通交往能力，增强团队合作精神和集体荣誉感。 3．践行社会主义核心价值观，形成求实的科学态度、严谨的工作作风，领会工匠精神，不断增强团队合作精神和集体荣誉感。

■ 任务描述

　　食品的微生物检测可对食品中菌落总数、大肠菌群、酵母菌群等繁殖状况进行测定，并对被检测食品的卫生状况进行评价，对于保障食品安全具有十分重要的作用，为食品安全标准以及卫生标准提供必要的科学依据。然而，由于食品当中的脂肪、糖、蛋白质等成分，为微生物繁殖提供了条件，从而对检验产生干扰，导致微生物检验比较困难。因此，应当严格按照无菌操作的流程以及规范进行操作，保证检验结果的准确性。我们将按照如图2-14和图2-15所示内容完成学习任务。

图2-14 "任务3 无菌操作技术"实施环节

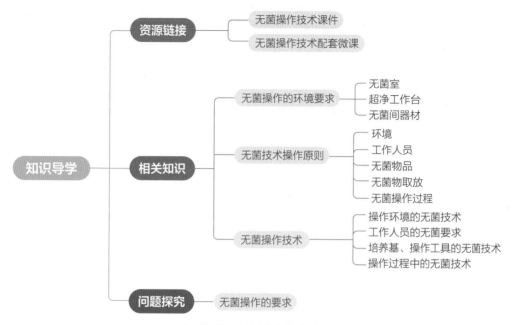

图2-15 "无菌操作技术"知识思维导图

■ 任务要求

1. 独立完成无菌操作任务。
2. 学会判断无菌操作控制点。

> 思政园地
>
> 细节决定成败,态度决定一切。

📋 知识链接

一、资源链接

通过网络获取GB/T 27405—2008《实验室质量控制规范　食品微生物检测》相关资料。

通过手机扫码获取无菌操作技术课件及配套微课。

无菌操作技术
课件

无菌操作技术
配套微课

二、相关知识

无菌操作是指在微生物分离、接种、培养操作过程中防止培养物被其他微生物污染的操作技术。无菌操作包括两个方面，一是创造无菌的培养环境，二是在操作过程中防止其他微生物的侵入。

（一）无菌操作的环境要求

1. 无菌室

无菌室通常包括缓冲间和工作间两大部分，其面积一般为9~12m²。工作间内设有固定的工作台、紫外线灯、空气过滤装置及通风装置。

（1）无菌室的消毒和防污染

①每日（使用前）以紫外线照射0.5~1h；

②每月用新洁尔灭擦拭地面和墙壁一次进行消毒；

③每季度用甲醛、乳酸、过氧乙酸熏蒸2h，特殊情况下可增加熏蒸频次。

（2）无菌室使用要求

①无菌室内墙壁应光滑，尽量避免死角，便于洗刷消毒；

②应保持密封、防尘、清洁、干燥，室内设备简单，禁止放置杂物；

③无菌室内应备有5%苯酚和75%酒精溶液，用于手部、样品、操作工作台等的表面消毒；

④进入无菌室，操作时尽量避免走动，如需要传递物品，可通过小窗传递；

⑤无菌室内应保持清洁，工作后用5%苯酚溶液消毒擦拭工作台面；

⑥无菌室使用前后打开紫外线杀菌灯，照射时间不少于30min；不得直接在紫外线下操作，以免引起身体损伤；灯管每隔两周需用酒精棉球轻轻擦拭，以减少污物与灰尘对紫外线穿透力的影响。

2. 超净工作台

超净工作台是箱式微生物无菌操作工作台，它能在局部制造高洁净度的环境（图2-16）。其工作原理是借助箱内鼓风机使外界空气强行通过一组过滤器，净化的无菌空气连续不断地进入操作台面，并通过其内置的紫外线杀菌灯，对环境进行杀菌，保证超净工作台的正压无菌状态。

超净工作台的使用注意事项如下。

（1）超净工作台应安装在远离震动和噪声大的地方。使用前检查电源电压是否与超净工作台要求相符，电源接通后检查风机转向是否正确。

图2-16 单面双人超净工作台

（2）使用前0.5～1h用75%的酒精或0.5%过氧乙酸喷洒擦拭消毒工作台面，打开紫外线杀菌灯照射30min。

（3）使用前10～15min将风机启动，调整风量，工作时关闭杀菌灯。

（4）使用中，有机玻璃罩受到污染，严禁用酒精棉球擦拭，请用含水棉布擦拭。

（5）操作区为层流区，物品的放置不应妨碍气流正常流动，工作人员应尽量避免能引起扰乱气流的动作，以免造成直接经济损失或人身污染。

（6）禁止在预过滤器进风口部位放置物品，以免挡住进风口造成进风量减少，降低净化能力。

（7）使用完毕后，用消毒液擦拭工作台面，关闭送风机，重新开启紫外线杀菌灯照射15min，最后关闭电源。

（8）每3～6个月用仪器检查超净工作台性能有无变化。

3. 无菌间器材

（1）灭菌器材　玻璃器皿、培养基、无菌衣等。

（2）消毒器材　无菌室内的试管架、天平、工作台、手等。

无菌间一般只允许放置无菌操作台、转椅等物品。无菌操作台上一般只允许放置酒精灯、打火机、接种针、消毒棉球、洗耳球、镊子、油性笔、灭菌培养皿、试管架、灭菌吸量管、电子天平、灭菌锥形瓶、培养基、均质器等。

（二）无菌技术操作原则

1. 环境

环境清洁、干燥，使用前后要进行消毒灭菌处理。

2. 工作人员

工作人员衣帽穿戴要整洁，帽子要把全部头发遮盖住，口罩须遮住口鼻，并修剪指甲，洗手，必要时穿无菌衣，戴无菌手套。

3. 无菌物品

无菌物品与非无菌物品应分别放置，无菌物品必须存放于无菌包或无菌容器内。无菌包应注明无菌名称，消毒灭菌日期，有效期以一周为宜，并在固定的地方按日期先后顺序排放，以便取用。无菌物品一经使用、过期或潮湿，应重新进行灭菌处理。

4. 无菌物取放

操作者身距无菌区20cm，取无菌物品时须用无菌持物钳（镊），不可触及无菌物品或跨越无菌区域。无菌物品取出后，不可过久暴露，若未使用，也不可放回无菌包或无菌容器内；疑有污染，不得使用。未经消毒的物品不可触及无菌物或跨越无菌区。

5. 无菌操作过程

在执行无菌操作时，必须明确物品的无菌区和非无菌区，如所用的吸量管、培养皿及培养基等疑有污染或已被污染，即不可使用，应更换或重新灭菌。

（三）无菌操作技术

1. 操作环境的无菌技术

操作环境的无菌技术，一般可通过以下三种途径来实现。

（1）无菌室　在专门的微生物检验室即无菌室进行操作，使用前按照要求对无菌室进行彻底灭菌。

（2）超净工作台　使用超净工作台能为微生物操作提供局部高度洁净的无菌工作区。

（3）局部无菌　酒精灯相对于超净工作台来说可以创造小的局部无菌环境，其稳定燃烧的火焰周围和顶部形成不含微生物的无菌区域。酒精灯由灯体、棉灯芯、瓷灯芯、灯帽和酒精五部分组成。酒精灯的火焰分为焰心、内焰和外焰三部分（图2-17），其中外焰温度最高。

酒精灯使用注意事项如下：

①酒精灯的灯芯要平整，如有烧焦或不平整，要用剪刀修整；

②添加酒精时，不超过酒精灯容积的2/3，内存酒精应不少于其容积的1/3；

③绝对禁止向燃着的酒精灯里添加酒精，以免失火；

④绝对禁止用酒精灯引燃另一只酒精灯；

⑤用完酒精灯，必须用灯帽盖灭，不可用嘴去吹；

⑥若使用中的酒精灯倒了，引起燃烧，应立即用湿布或沙子扑盖；

图2-17　酒精灯的结构

⑦请勿使酒精灯的外焰受到侧风，一旦外焰进入灯内，将会引起爆炸。

2. 工作人员的无菌要求

（1）工作人员要经常洗头，洗澡，剪指甲，保持个人清洁卫生。

（2）工作衣、帽、口罩也要经常清洗，凉干后用纸包好进行高温高压消毒。

（3）工作衣使用前后挂于缓冲间，并紫外线照射灭菌。

（4）操作前要洗手，最好用肥皂水或0.1%新洁尔灭清洗，然后用75%的酒精擦洗或喷洒消毒。

3. 培养基、操作工具的无菌技术

培养基、工作服等在使用前应彻底灭菌，一般采用高压蒸汽灭菌，灭菌条件为121℃，0.1MPa，25min。

玻璃器皿、接种工具、吸量管、试管、接种环等可利用干燥箱或酒精灯的火焰进行干热灭菌，干燥箱灭菌条件为160℃或170℃、2h，或140℃、3h。

4. 操作过程中的无菌技术

（1）操作过程中，最重要的是保持操作区的无菌、清洁。

（2）操作过程中，不准说话或对着接种材料、培养容器口呼吸。

（3）打开包装纸和瓶塞时注意不要污染试管口或瓶口。

（4）在近酒精灯火焰处打开试管、培养基或锥形瓶瓶口，并使其倾斜，以免微生物落入。

（5）倒平板时，锥形瓶应在超净工作台内操作，并且需在开启和加盖瓶塞时反复用酒精灯灼烧。

（6）无菌吸量管使用时先用手拿吸量管的后1/3处，并将吸管后部口上装上吸液用的胶头，用酒精灯火焰灼烧吸量管前端口后再吸取液体。

（7）接种环使用前后需在火焰上灼烧灭菌。

（8）已灭菌的培养基若不慎掉在超净工作台上，不宜再用。

（9）操作期间，如遇停电等事件使超净工作台停止运转，重新启动时，应对接种器械及暴露的接种材料重新消毒。

三、问题探究

简述无菌操作的要求。

（1）在操作中不应有大幅度或快速的动作。

（2）使用玻璃器皿应轻取轻放。

（3）在酒精灯火焰上方操作。

（4）接种用具在使用前、后都必须灼烧灭菌。

（5）在接种培养物时，协作应轻、准。

（6）使用吸量管接种于试管或培养皿时，吸量管尖端不能触及试管或培养皿边。

（7）带有菌液的吸量管、玻片等器材应及时置于盛有5%来苏尔溶液的消毒桶内消毒。

四、完成预习任务

1. 阅读学习相关资源，归纳无菌操作技术的相关知识。

2. 绘制操作流程小报并初拟实验方案。

3. 完成老师发布的预习小测验等相关预习任务，手机扫码完成课前测试。

无菌操作技术
课前测试

 任务实施

> 🔔 **提示**
>
> 在整个任务实施过程中应严格遵守实验室用水、用电安全操作指南及实验室各项规章制度和玻璃器皿的安全使用规范。

一、实验准备

配图	设备与用具	操作说明
	电热干燥箱	同项目二任务1中电热干燥箱的操作说明
	高压蒸汽灭菌锅	使用过程中注意防爆，防干烧
	超净工作台	任何情况下都不应将超净台的进风罩对着敞开的门或窗，以免影响滤清器的使用寿命

配图	设备与用具	操作说明
	酒精灯	同项目二任务1中酒精灯的操作说明
	培养基	—
	培养皿	—

二、实施操作

1. 环境的无菌操作

配图	操作步骤	操作说明
	（1）用5%的苯酚全面喷洒无菌室内，封闭无菌室灭菌30min	苯酚对皮肤具有毒害作用，使用时应做好防护
	（2）打开无菌室内的紫外线杀菌灯，照射30min，同时打开超净工作台，预热	（1）如采用室内悬吊紫外灯消毒，需用30W紫外灯，距离在1.0m处； （2）灯管每隔两周需用酒精棉球轻轻擦拭，除去上面灰尘和油垢，以减少对紫外线穿透力的影响

配图	操作步骤	操作说明
	（3）使用前10min开启风机，调整风量，工作时，关闭紫外线灭菌灯	（1）电源接通后检查风机转向是否正确； （2）不得直接在紫外线灯下操作，以免引起皮肤损伤

2. 工作人员的无菌操作

配图	操作步骤	操作说明
	（1）经高温杀菌过的工作服，挂于缓冲间，并紫外线照射杀菌	工作人员要经常洗头，洗澡，剪指甲，保持个人清洁卫生
	（2）进入缓冲间后，应换好工作服、鞋、帽、戴上口罩	工作衣、帽、口罩也要经常清洗
	（3）用肥皂水或0.1%新洁尔灭溶液洗手后，然后进入工作间	0.1%新洁尔灭溶液不得用塑料或铝制容器贮存

3. 培养基、操作工具的无菌操作

配图	操作步骤	操作说明
	（1）培养基采用高压蒸汽灭菌，灭菌条件为121℃，0.1MPa，25min	（1）无菌物品与非无菌物品应分别放置，无菌物品必须存放于无菌包或无菌容器内； （2）无菌包应注明无菌名称，消毒灭菌日期，有效期以一周为宜，并按日期先后顺序排放，以便取用
	（2）培养皿可用电热干燥箱灭菌，灭菌条件为160℃或170℃，2h	（1）无菌包在未被污染的情况下，可保存7~14d，过期应重新灭菌； （2）无菌物品一经使用、过期或潮湿，应重新进行灭菌处理

4. 无菌平板的制备

配图	操作步骤	操作说明
	（1）用75%的酒精棉球擦拭手及实验台面，进行消毒	酒精棉球的湿度以不挤压出酒精为宜
	（2）取出无菌物品（培养皿、培养基），放置在无菌操作台上	无菌物品取出后，不可过久暴露，若未使用，也不可放回无菌包或无菌容器内
	（3）点燃酒精灯，在酒精灯附近，拆除培养皿和锥形瓶包装，并在培养皿底部标明样品、操作人和制作时间	使用酒精灯前要检查灯芯帽是否盖得太紧，以防酒精不能上升，影响酒精灯燃烧

配图	操作步骤	操作说明
	（4）待加热溶解的培养基温度约为45℃时，右手取培养基，并在灯焰外焰处对锥形瓶瓶口进行消毒，左手取培养皿，以拇指和食指捏住培养皿盖子，其他指头托住培养皿底	（1）培养基温度为触摸不烫手为宜； （2）过火焰时注意不要烫伤手； （3）切忌用手抓、握锥形瓶瓶口，以防烫伤和污染瓶口
15~20mL　45°左右	（5）打开培养皿，将培养基倒入培养皿中，直至铺满皿底，约10~15mL，盖上培养皿盖，水平放置冷凝	（1）培养皿和锥形瓶在酒精灯附近，以保证无菌环境； （2）培养皿开口不超过45°
	（6）将锥形瓶口过火焰进行消毒后盖帽，放置	—
	（7）熄灭酒精灯，先用灯芯帽扣压并熄灭火焰，再揭帽重新扣压一次，待培养基凝固后倒置	可防止灯焰周围蒸汽产生压力差，导致再次使用酒精灯时难以揭开灯帽
	（8）将制备好的培养基从工作台上移除，收拾工作台，然后用5%的苯酚喷洒台面和台四周	—
	（9）关闭风机，重新开启紫外线杀菌灯照射15min，最后关闭电源	—

评价反馈

"无菌操作技术"考核评价表

学生姓名:_____　　　班级:_____　　　日期:_____

评价方式	考核项目		评价项目	评价要求	不合格	合格	良	优
自我评价（10%）	相关知识		了解无菌操作的环境要求	相关知识输出正确（1分）	0	1	—	2
			能遵循无菌技术操作原则	能按照操作原则进行操作（1分）				
	实验准备		能准确配制培养基	培养基配制准确（4分）	0	4	—	8
			能正确准备工具	工具准备正确（4分）				
学生互评（20%）	操作技能		能熟练进行无菌操作（环境、工作人员、培养基、操作工具、无菌平板制备的无菌操作）	实验过程操作规范熟练（15分）	0	5	10	15
			能正确、规范记录结果	原始数据记录准确（5分）	0	3	4	5
教师学业评价（70%）	课前	通用能力	课前预习任务	课前任务完成认真（5分）	0	3	4	5
	课中	专业能力	实际操作能力	正确解读国家标准（3分）	0	1	2	3
				准确进行环境的无菌操作（6分）	0	3	4	6
				准确进行工作人员的无菌操作（7分）	0	3	4	7
				准确进行培养基的无菌操作（7分）	0	2	4	7
				准确进行操作工具的无菌操作（7分）	0	3	4	7
				准确进行平板制备的无菌操作（7分）	0	3	4	7
				结果记录真实，字迹工整，报告规范（3分）	0	1	2	3
		工作素养	发现并解决问题的能力	善于发现并解决实验过程中的问题（5分）	0	5	10	15
			时间管理能力	合理安排时间，严格遵守时间安排（5分）				
			遵守实验室安全规范	（环境、工作人员、培养基、操作工具、无菌平板制备的无菌操作）符合安全规范操作（5分）				
	课后	技能拓展	细菌革兰氏染色过程中的无菌操作	正确规范完成（10分）	0	5	—	10
总分								

注：①每个评分项目里，如出现安全问题则为0分；
　　②本表与附录《职业素养考核评价表》配合使用。

■ 学习心得

■ 拓展训练

      ○ 写出细菌革兰氏染色过程中的无菌操作要点。

      （提示：利用互联网、国家标准、微课等。）

      ○ 拓展所学任务，查找线上相关知识，加深相关知识的学习。

      （例如，中国大学MOOC https://www.icourse163.org/；智慧职教 https://www.icve.com.cn等。）

巩固反馈

1. 填空题

   （1）无菌操作包括_____和_____。

   （2）无菌环境的创造一般通过_____、_____、_____三个途径来实现。

2. 判断题

   在酒精灯点燃后，不宜用酒精喷洒超净工作台。（   ）

3. 如何实现无菌操作？

4. 学生课后总结所学内容，与老师和同学进行交流讨论并完成本任务的教学反馈。

微生物接种及分离纯化

任务1 微生物接种技术

学习目标

知识目标	1. 了解微生物接种技术在食品卫生检验中的意义。 2. 掌握微生物接种技术的接种方法及微生物的生长特征。 3. 掌握微生物接种技术的操作流程。
技能目标	1. 能正确查找相关资料获取微生物接种的技术要点。 2. 能够独立进行微生物的接种技术。 3. 能够对微生物接种状况和接种量进行描述和报告。
素养目标	1. 能严格遵守实验现场7S管理规范。 2. 能正确表达自我意见，并与他人良好沟通。 3. 践行社会主义核心价值观，形成求实的科学态度、严谨的工作作风，领会工匠精神，不断增强团队合作精神和集体荣誉感。

● 任务描述

在啤酒生产过程中，需要将啤酒酵母的种子液逐级扩大培养，以实现最终的啤酒发酵生产。作为啤酒厂菌种室工作员，需要将啤酒酵母进行接种，使菌种增殖。

接种的关键是使用接种工具按正确的方法进行无菌操作，如果操作不慎引起菌种污染，将会影响下一步工作的顺利进行，甚至导致发酵失败。我们将按照如图3-1和图3-2所示内容完成学习任务。

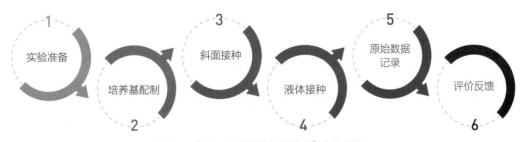

1 实验准备　2 培养基配制　3 斜面接种　4 液体接种　5 原始数据记录　6 评价反馈

图3-1 "任务1 微生物接种技术"实施环节

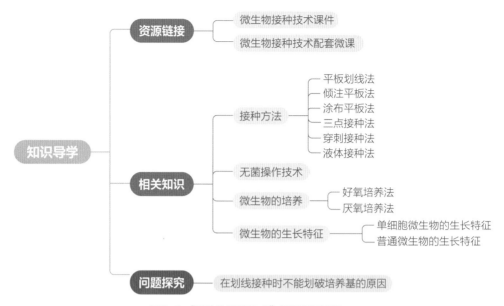

图3-2 "微生物接种技术"知识思维导图

● 任务要求

1. 独立完成微生物接种任务。
2. 学会在无菌条件下进行微生物接种的操作方法。

思政园地

　　冰冻三尺非一日之寒，水滴石穿非一日之功。

📑 知识链接

一、资源链接

　　通过网络获取微生物接种相关知识。通过手机扫码获取微生物接种技术课件和配套微课。

微生物接种
技术课件

微生物接种
技术配套微课

二、相关知识

（一）接种方法

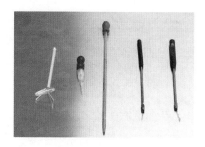

图3-3　接种工具

常用的接种方法有以下几种，常用接种工具见图3-3。

1. 平板划线法

平板划线法是通过沾菌接种环在固体培养基表面做直线形的来回移动，达到稀释菌液的目的。

2. 倾注平板法

倾注平板法是将待接种的微生物先放入培养皿中，再倒入冷却至45℃左右的固体培养基，迅速轻轻摇匀，达到稀释菌液的目的。

3. 涂布平板法

涂布平板法是先倒好平板，让其凝固，再将菌液倒在平板上面，迅速用涂布棒在其表面做左右来回地涂布，让菌液均匀分布，从而长出单个的微生物的菌落。

4. 三点接种法

三点接种法即把少量的微生物接种在平板表面上，成等边三角形的三点，让它们各自独立形成菌落来观察、研究它们的形态。除三点外，也有一点或多点接种的。

5. 穿刺接种法

穿刺接种法即用接种针蘸取少量的菌种，沿半固体培养基中心向管底作直线穿刺，如某细菌具有鞭毛而能运动，则在穿刺线周围能够生长。在厌氧菌接种时常采用此法。

6. 液体接种法

从固体培养基中将菌洗下，倒入液体培养基中，或者从液体培养物中，用移液管将菌液接至液体培养基中，或从液体培养物中将菌液移至固体培养基中，都可称为液体接种。

（二）无菌操作技术

所谓"无菌操作"，即在进行微生物培养时，为获得无杂菌污染的微生物，需要在接种操作过程中实施一系列防止外源微生物侵入的操作手段和技术。无菌操作主要包括：培养基的配制、操作工具的灭菌；操作环境无菌（无菌室、超净工作台、局部无菌酒精灯可以创造小的局部无菌环境）等，接种动作应规范、熟练。

（三）微生物的培养

1. 好氧菌培养方法

（1）固体培养方法　有试管斜面培养法、培养皿平板培养法及茄瓶斜面培养方法等。

（2）液体培养方法　实验室中主要采用摇瓶培养法。

2. 厌氧菌培养方法

现在常采用厌氧手套箱、厌氧柜和厌氧罐等方法培养厌氧菌。

（四）微生物的生长特征

1. 单细胞微生物的生长特征

无分支单细胞微生物主要包括属于原核微生物的细菌和真核微生物的酵母菌，群体生长是以群体中微生物细胞数量的增加来表示的，其生长速率就是指单位时间内细胞数目或细胞生物量的增加。

2. 普通微生物的生长特征

无丝状微生物包括具分支的原核微生物的放线菌和真核微生物的丝状真菌，在液体培养基中可以形成几乎均匀分布的菌丝悬浮液（丝状生长），但多数情况下以沉淀物形式在发酵液中出现（沉淀生长），沉淀物形态从松散的絮状沉淀到堆集紧密的菌丝球不等，氧气不能穿过菌丝球中心。丝状微生物的群体生长有着与单细胞微生物类似的规律，其生长曲线也显示出迟缓期、对数生长期、稳定期和衰亡期，如图3-4所示。

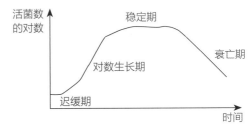

图3-4　微生物生长曲线

三、问题探究

在划线接种时为什么不能划破培养基？

（1）划破培养基后会导致微生物在培养基表面和培养基内部产生不同的生长条件，造成菌落形态改变，不能形成正常的特征形态，影响对菌落形态的观察及特征鉴别。

（2）菌体在狭缝中生长时，氧气可能不足，会使好氧性微生物生长减缓。

（3）菌落生长后期，凹陷处积累代谢废物，抑制细菌生长。

四、完成预习任务

1. 阅读学习相关资源，归纳微生物接种相关知识。
2. 绘制操作流程小报并初拟实验方案。
3. 完成老师发布的预习小测验等相关预习任务，手机扫码完成课前测试。

微生物接种
技术课前测试

任务实施

 提示

在整个任务实施过程中应严格遵守实验室用水、用电安全操作指南及实验室各项规章制度和玻璃器皿的安全使用规范。

一、实验准备

1. 仪器与用具

配图	仪器与用具	操作说明
	水浴摇床	（1）不可干烧，在使用该仪器时，确认电源接地良好； （2）在实验过程中，常常需要对试液做不停地晃动，以防止出现沉淀
接种环 接种针	接种工具及实验菌种	（1）完好无损； （2）无菌处理
	酒精灯，试管，接种环，洗耳球，培养皿，吸量管，（带塞）锥形瓶等	同项目二任务1中酒精灯操作说明

2. 试剂配制

配图	试剂配制	操作说明
	配制培养基、75%酒精	制作培养基斜面

二、实施操作

1. 斜面接种

配图	操作步骤	操作说明
	（1）贴标签： 接种前在距试管口2~3cm位置上贴上标签	注明菌种，接种日期，接种人姓名
	（2）消毒： 用75%酒精消毒操作台并用实验用纸进行清洁，用75%酒精棉球对手部进行消毒	等待晾干后，进行下一步操作
	（3）手持试管： ①握好平板，将菌种斜面置于平板之上，用食指压好，注意管口应与平板边缘对齐； ②在火焰旁用右手先将菌种试管的棉塞旋松，以便于接种时拔出	手指压牢，稳定操作
	（4）接种环灭菌： ①右手以拿笔的方法持接种环； ②先将接种环加热； ③将接种环提起垂直放在火焰上	接种环各个部位灭菌

配图	操作步骤	操作说明
	（5）试管口灭菌： ①在火焰旁用右手拇指和食指持棉塞，将其取出，并将棉塞握住不得随意放在操作台上或与其他物品接触； ②迅速将试管口通过火焰2~3次	棉塞不得随意放在台子上或其他物品相接触
	（6）取菌种： 将灼烧过的接种环深入菌种管，先使其接触没有长菌的培养基部分，使其冷却至少5s，然后轻轻蘸取少量菌体，将接种环移出菌种管	注意无菌操作
	（7）接种： 在火焰旁迅速将沾有菌种的接种环深入另一只斜面试管，从斜面培养基的底部向上做Z形来回密集划线，切勿划破培养基	注意力道和角度
	（8）塞上棉塞： 取出接种环，灼烧试管口，并在火焰旁将棉塞塞上	无菌操作
	（9）接种环灭菌： 将接种环灼烧灭菌，放下接种环，再将试管塞旋紧	均匀灼烧

配图	操作步骤	操作说明
	（10）培养： 将接种过的平面倒放在培养箱中，28℃恒温培养36h	注意培养条件

2. 液体接种

配图	操作步骤	操作说明
	（1）轻轻摇动盛菌液的试管	混合均匀
	（2）取一支灭菌吸量管，尾部插入洗耳球，插入摇匀的菌液中，吸取10mL菌液	无菌操作
	（3）将锥形瓶瓶塞打开，迅速移入所取菌液，再塞好瓶塞	注意吸量管不要碰到锥形瓶瓶壁也不要将其没入培养基中
	（4）取下洗耳球，将用过的吸量管放入废物筒中，28℃水浴摇床培养24h	注意培养条件

三、记录原始数据（表3-1）

表3-1   微生物接种数据记录表

实验内容：   实验时间：   实验员：

接种方式	菌种	划线状况（图示）和接种量/%	接种数量	有无污染
斜面接种				
液体接种				

═ 评价反馈 ═

"微生物接种"考核评价表

学生姓名：_____   班级：_____   日期：_____

评价方式	考核项目		评价项目	评价要求	不合格	合格	良	优
自我评价（10%）	相关知识		了解常用的接种方法	相关知识输出正确（1分）	0	1	—	2
			掌握微生物的生长特征	能对微生物的生长特征进行描述（1分）				
	实验准备		能正确配制培养基	正确配制培养基（4分）	0	4	—	8
			能正确准备仪器	仪器准备正确（4分）				
学生互评（20%）	操作技能		能熟练进行微生物接种技术等操作	操作过程规范熟练（15分）	0	5	10	15
			能正确、规范记录结果并进行分析	原始数据记录准确、处理数据正确（5分）	0	3	4	5
教师学业评价（70%）	课前	通用能力	课前预习任务	课前任务完成认真（5分）	0	3	4	5
	课中	专业能力	实际操作能力	能依据书中要求完成填空（10分）	0	6	8	10
				能按照操作规范进行接种（10分）	0	6	8	10
				接种状况、接种量描述正确（10分）	0	6	8	10
				无菌操作方法正确（5分）	0	3	4	5
				接种方法规范（5分）	0	3	4	5

续表

评价方式	考核项目	评价项目	评价要求	不合格	合格	良	优
教师学业评价（70%）	课中	工作素养	发现并解决问题的能力	善于发现并解决实验过程中的问题（5分）	0	5	10	15
			时间管理能力	合理安排时间，严格遵守时间安排（5分）				
			遵守实验室安全规范	（无菌操作、培养基配制、接种流程）符合安全规范操作（5分）				
	课后	技能拓展	涂布平板法接种	正确规范完成（5分）	0	5	—	10
			平板划线法接种	正确规范完成（5分）				
总分								

注：①每个评分项目里，如出现安全问题则为0分；
②本表与附录《职业素养考核评价表》配合使用。

● 学习心得

● 拓展训练

○ 完成涂布平板法接种和平板划线法接种操作，绘制相关操作流程小报并录制视频。
（提示：利用互联网、国家标准、微课等。）

○ 拓展所学任务，查找线上相关知识，加深相关知识的学习。
（例如，中国大学MOOC https://www.icourse163.org/；智慧职教 https://www.icve.com.cn等。）

巩固反馈

1. 常用的接种工具有：_____、_____、_____、_____。

   常用的接种技术有：_____、_____、_____、_____、_____、_____。

2. 无菌技术指：_____。

3. 微生物的培养按生长条件分为：_____和_____。

4. 典型的单细胞微生物生长的四个时期分别是_____、_____、_____、_____。

5. 学生课后总结所学内容，与老师和同学进行交流讨论并完成本任务的教学反馈。

任务 2　微生物分离纯化

学习目标

知识目标	1. 了解微生物分离纯化的目的及意义。 2. 掌握微生物分离纯化基本原理。 3. 掌握常见的微生物分离纯化方法。
技能目标	1. 能严格按照无菌操作技术完成微生物的涂布平板法、倾注平板法、平板划线法的操作。 2. 能根据微生物纯化结果判断分离纯化效果。 3. 能独立分析和解决实际操作过程中遇到的问题。
素养目标	1. 能严格遵守实验现场7S管理规范。 2. 具有团队协作和沟通表达能力。 3. 践行社会主义核心价值观、实事求是的科学态度、严谨的工作作风、精益求精的工匠精神。

▪ 任务描述

在实际使用过程中菌种会受到污染，为此，要对菌种进行分离纯化。本任务将学习微生物常见的分离纯化方法，如涂布平板法、倾注平板法、平板划线法。我们将按照如图3-5和图3-6所示内容完成学习任务。

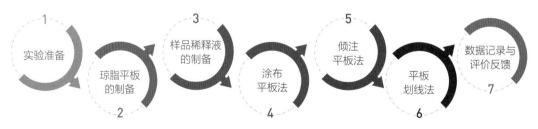

图3-5　"任务2　微生物分离纯化"实施环节

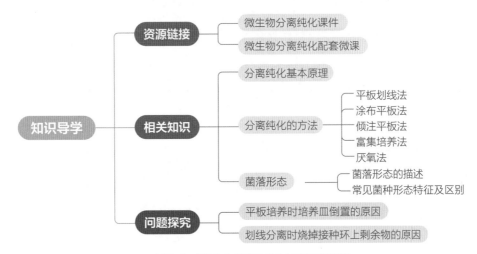

图3-6　"微生物分离纯化"知识思维导图

任务要求

1．熟练操作微生物分离纯化涂布平板法、倾注平板法、平板划线法。
2．能判断培养结果的纯化效果。

> 思政园地
>
> 　勤能补拙是良训，一分耕耘一分才。

知识链接

一、资源链接

通过手机扫码获取微生物分离纯化课件及配套微课进行自主学习。

微生物分离
纯化课件

微生物分离
纯化配套微课

二、相关知识

（一）分离纯化基本原理

将聚集在一起的微生物逐步稀释分散到固体培养基的表面，形成由一个细胞繁殖而来的肉眼可见的子细胞群体——菌落。

（二）分离纯化的方法

1. 平板划线法

平板划线法，是指把混杂在一起的微生物或同一微生物群体中的不同细胞，用接种环在培养基表面上做多次由点到线的划线稀释，而获得较多独立分布的单个细胞，并让其成长为单个菌落的方法，通过反复划线分离，可获得微生物的纯菌种，常用于分离单个菌落，也可用于观察细菌的生长状况和观察某些生化反应。

2. 涂布平板法

涂布平板法是先把微生物菌悬液做适当的稀释，取一定量的稀释液放在无菌的已经凝固的营养琼脂平板上，然后用无菌的涂布棒把稀释液均匀地涂布在培养基表面上，经恒温培养便可以得到单个菌落。

3. 倾注平板法

倾注平板法先把微生物悬液做一系列稀释，取一定量的稀释液与融化好的保持在40～50℃的营养琼脂培养基充分混合，然后把混合液倾注到无菌的培养皿中，待凝固之后，将平板倒置在恒温箱中培养。

4. 富集培养法

富集培养法创造一些条件只让所需的微生物生长，在这些条件下，所需要的微生物能有效地与其他微生物进行竞争，在生长能力方面远远超过其他微生物。其所创造的条件包括最佳的碳源、能源、温度、光、pH、渗透压和氢受体等。

5. 厌氧法

厌氧菌是一类在无氧条件下比在有氧环境中生长得更好，而不能在空气（18%氧气）和（或）10%二氧化碳浓度下的固体培养基表面生长的细菌。要培养厌氧菌，必须创造一个无氧的环境，通常是在培养基中加入还原剂或用物理、化学方法去除环境中的游离氧，以降低氧化还原电势。

（1）厌氧菌的固体培养

①高层琼脂柱：把含有还原剂的固体或半固体培养基装入试管中，经灭菌后，除表层尚有一些溶解氧外，越是深层，其氧化还原电势越低，故有利于厌氧菌的生长，例如韦荣氏管。

②厌氧培养皿：用于培养厌氧菌的培养皿有几种，有的是利用特制皿盖创造一个狭窄空间，再加上还原性培养基的配合使用而达到厌氧培养的目的，如Brewer皿；有的是利用特制皿底——有两个相互隔开的空间，其一放连苯三酚，另一侧放NaOH溶液，待在皿盖的平板上接入待培养的厌氧菌后，立即密闭，摇动使上述两试剂因接触而发生反应，造成无氧环境，如Spray皿或Bray皿。

③恒盖特滚管技术：利用除氧柱来制备高纯氮，再用此高纯氮去驱除培养基配制、分装过程中各种容器和小环境中的空气，使培养基的配制、分装、灭菌和贮存以及菌种的接种、稀释、培养、观察、分离、移种和保藏等操作的全过程始终处于高度无氧条件下，从而保证了各类严格厌氧菌的存活。

④厌氧罐：厌氧罐是一种高效的多级内循环厌氧反应罐。它具有占地少、有机负荷高、抗冲击能力更强、性能更稳定、操作管理更简单的特点。

⑤厌氧手套箱：厌氧手套箱是国际上公认的培养厌氧菌的最佳仪器之一。它是一个密闭的箱体，前面有一个有机玻璃做的透明面板，板上装有两个手套，可通过手套在箱内进行操作，故而得名。厌氧工作站是采用钯催化剂，将密闭箱体内的氧气与厌氧混合气体（$N_2+CO_2+H_2$）中的氢气催化生成水，从而实现箱内厌氧状态。

（2）厌氧菌的液体培养　在实验室中对厌氧菌进行液体培养时，若放入厌氧罐或厌氧手套箱中培养，就不必提供额外的培养措施；若单独放在有氧环境下培养，则在培养基中必须加入巯基乙酸、半胱氨酸、维生素C或牛肉小颗粒等有机还原剂，或加入铁丝等能显著降低氧化还原电位的无机还原剂，在此基础上，再用深层培养或同时在液面上封一层石蜡油或凡士林-石蜡油，则可保证培养基的氧化还原电位降低，以适合严格厌氧菌的生长。

（三）菌落形态

菌落是由某一微生物的少数细胞或孢子在固体培养基表面繁殖后所形成的子细胞群体，因此，菌落形态在一定程度上是个体细胞形态和结构在宏观上的反映。

1. 菌落形态的描述

描述菌落形态特征时，通常从以下几个方面进行描述。

（1）大小　大、中、小、针尖状等。

（2）颜色　红、黄、黑、土色、乳白色、青、灰等。

（3）干湿　干燥、黏稠、湿润等。

（4）质地　松散、紧密等。

（5）形状　圆形、不规则等。

（6）表面　扁平、隆起、凸凹等。

（7）透明度　透明、半透明、不透明。

（8）边缘　整齐、不整齐、锯齿状、不规则等。

2. 常见菌种形态特征及区别

细菌	酵母菌	放线菌	霉菌
细菌菌落： （1）一般较湿润、较光滑、较透明、较黏稠； （2）菌落易挑取、质地均匀、小而突起或大而平坦； （3）菌落正反面或边缘与中央部位的颜色一致、一般有臭味或酸败味	酵母菌所形成的与细菌菌落相似的菌落： （1）菌落呈圆形或卵圆形，较湿润、较黏稠、表面较光滑； （2）菌落易挑取，菌落质地均匀，比细菌菌落大而厚，较不透明； （3）菌落正反面、边缘和中心颜色一致，颜色多呈乳白色，少数呈红色，多带酒香味	放线菌菌落： （1）菌落干燥、不透明，小而紧密，呈放射状； （2）菌落表面呈粉状、颗粒状，难以挑取，或者整个菌落被挑起而不致破碎； （3）菌落颜色多样，菌落正反面颜色常不一致，带有泥腥味，在菌落边缘的琼脂平面有变形的现象	霉菌与放线菌的菌落相似： （1）菌落干燥，不透明，表面常呈绒毛状、棉絮状，边缘呈丝状； （2）菌落较易挑取，大而疏松或大而致密； （3）菌落正反面、边缘与中央的颜色、构造常不一致而且往往有霉味

三、问题探究

1. 平板培养时为什么要把培养皿倒置？

（1）减缓培养皿内培养基水分的蒸发。

（2）培养皿盖子大而底小，倒置方便取用。

（3）可控制培养皿内的菌落蔓延，有利于形成单菌落，便于实验观察。

（4）防止在皿盖上冷凝的水珠滴落到培养基上，避免污染。

（5）方便收集细菌的代谢物。

2. 在划线分离时，为什么每次都要将接种环上的剩余物烧掉？

目的是杀死上次划线后接种环上残留的菌种，使下次划线的菌种直接来自上次划线的末端，使每次划线菌种数目减少，才能达到分离菌株的目的。

四、完成预习任务

1. 阅读学习相关资源，归纳微生物分离纯化相关知识。
2. 绘制操作流程小报并初拟实验方案。
3. 完成老师发布的预习小测验等相关预习任务，手机扫码完成课前测试。

微生物分离纯
化课前测试

任务实施

> **提示**
>
> 在整个任务实施过程中应严格遵守实验室用水、用电安全操作指南及实验室各项规章制度和玻璃器皿的安全使用规范。

一、实验准备

1. 仪器、样品、试剂与设备

配图	仪器、样品、试剂与设备	操作说明
	接种环、涂布棒、酒精棉、酒精灯、锥形瓶、烧杯、试管、吸量管、培养皿等	—
	土壤样品10g	—
	生理盐水，无菌水，平板计数琼脂，75%酒精等	—

配图	仪器、样品、试剂与设备	操作说明
	恒温培养箱	（1）培养箱外壳必须有效接地，以保证使用安全； （2）培养箱应放置在具有良好通风条件的室内，在其周围不可放置易燃易爆物品； （3）箱内物品放置切勿过挤，必须留出空间

2. 琼脂平板与土壤稀释液的制备

配图	操作步骤	操作说明
	（1）琼脂平板的制备： ①取灭菌培养皿，倒入恒温水浴保存的培养基约10~15mL，合上培养皿盖； ②轻轻摇动培养皿，使培养基均匀分布在培养皿底部，然后平置于桌面上，冷却后即为所需平板	（1）整个操作要在无菌的条件下； （2）培养基要趁热倒到培养皿中，温度在50℃为宜； （3）倒培养皿时不宜过快，以免产生气泡，倒入量为10~15mL； （4）倒完冷却过程中要放平
	（2）土壤稀释液的制备： ①取5支生理盐水试管，用油性笔标注10^{-2}、10^{-3}、10^{-4}、10^{-5}、10^{-6}，依次排列到试管架上； ②称取土样10g，放入盛90mL无菌水并带有玻璃珠的锥形瓶中，震摇20min，使土样与水分充分混合，将菌液分散； ③用一支1mL无菌吸量管从锥形瓶中吸取1mL土壤悬液注入标注为10^{-2}的9mL无菌水试管中，吹吸三次，使悬液充分混匀； ④重复以上操作，制成10^{-6}~10^{-3}的各种稀释度的系列土壤悬液	（1）每次换稀释度时要更换吸量管； （2）要采取吹吸或反复振摇的方式，使每个稀释度的悬液混合均匀后再做下一个稀释度

二、实施操作

1. 涂布平板法

配图	操作步骤	操作说明
	（1）吸取菌液： 用3支无菌吸量管分别由3管不同稀释度的土壤稀释液中吸取1mL对号放入已写好稀释度的平板中	注意无菌操作
	（2）涂布： ①左手托住加入菌液的培养皿移至酒精灯火焰旁，用大拇指将培养皿盖一边打开一个缝隙； ②右手拿无菌涂布棒深入培养皿内，沿顺时针方向轻轻将菌液涂布在培养基表面，将培养皿旋转90℃后继续涂布菌液，重复以上操作两次； ③在室温下静止5~10min	（1）培养皿盖开口不宜过大； （2）培养皿盖可用火焰灼烧灭菌，灼烧后将涂布棒顶端接触培养皿盖，待冷却后方可进行涂布； （3）菌液用量一般以0.1mL为宜，菌液过多不易涂开，涂完后若仍有菌液流动，不易形成单菌落； （4）涂布动作要轻，防止刮破培养基
	（3）培养： 将平板倒置于28℃培养2d	倒置培养的主要目的是避免培养皿盖聚集的水珠，冲散菌落，影响观察结果
	（4）挑选菌落： ①从培养后长出的菌落中，分别挑取单菌落接种到酵母菌培养基上，置于28℃的恒温培养箱中培养2d； ②检查菌苔是否单纯，若有其他微生物混杂，则需要再一次分离纯化，直到获得纯菌落 （5）观察所获得的菌落	—

2. 倾注平板法

配图	操作步骤	操作说明
	（1）吸取菌液： 吸取1mL10^{-1}土壤悬液加入无菌培养皿内	注意无菌操作

配图	操作步骤	操作说明
	（2）倒平板： 将15~20mL冷却至40~50℃的平板计数琼脂培养基（可放置于46℃左右的恒温培养箱中保温）倾注培养皿，转动培养皿使其混合均匀	（1）控制培养基的温度在40~50℃，温度过高容易烫死微生物，过低培养基容易凝结； （2）轻轻转动培养皿，使菌液和培养基混合均匀
	（3）培养： 待琼脂凝固后，将平板翻转，36℃±2℃培养24h±2h	同涂布平板法
	（4）挑取菌落： 操作步骤同涂布平板法	同涂布平板法

3. 平板划线法

配图	操作步骤	操作说明
	（1）分段划线法： ①右手以持笔式握持接种环，并放置于火焰中烧灼灭菌，先将接种环的接种丝部置于火焰中，待金属丝烧红并蔓延至金属端，再直接烧灼金属环直至烧红，然后由金属环至金属杆方向快速通过火焰，随后反向通过火焰，2~3次，再将接种环移开火焰，待其冷却	（1）接种环的头部和杆部要充分灼烧，且冷却后挑取菌落； （2）接种环在平板上划线时要迅速、力度不能过大，以免划破培养基； （3）平行线之间距离要小，使划线次数增加，换区时需从前一区引出一条线
	②在火焰边打开10^{-1}土壤悬液试管塞，用接种环挑取一环土壤悬液后，盖好塞子放回原处	—

配图	操作步骤	操作说明
	③左手持平板在火焰边打开一缝隙，迅速将接种环深入培养皿，先在平板培养基的一边做第一次平行划线（3~4条），再转动培养皿约120°，并将接种环上剩余物烧掉，待冷却后通过第一次划线作第二次平行划线，再重复以上操作2次，共划线3次	及时灼烧接种环上的剩余菌体
	（2）连续划线法：用接种环以无菌操作挑取一环10^{-1}土壤悬液，涂布于培养基一角，然后从原处开始向左右两侧连续划线	同分段划线法
	（3）培养：操作步骤同涂布平板法	同涂布平板法
	（4）挑取菌落：操作步骤同涂布平板法	同涂布平板法

三、填写原始数据记录表（表3-2）

表3-2　微生物分离纯化原始数据记录表

分离纯化方法	菌落编号	湿		干		表面	边缘	隆起	透明度	颜色			初步判定结果
		厚薄	大小	松密	大小					正面	反面	水溶性色素	
涂布平板法	1												
	2												
	3												

续表

分离纯化方法	菌落编号	湿		干		表面	边缘	隆起	透明度	颜色			初步判定结果
		厚薄	大小	松密	大小					正面	反面	水溶性色素	
倾注平板法	1												
	2												
	3												
平板划线法	1												
	2												
	3												

评价反馈

"微生物分离纯化"考核评价表

学生姓名：＿＿＿＿＿＿＿＿＿＿＿　　　班级：＿＿＿＿＿＿＿＿＿＿＿　　　日期：＿＿＿＿＿＿＿＿＿＿＿

评价方式	考核项目		评价项目	评价要求	不合格	合格	良	优
自我评价（10%）	相关知识		了解微生物分离纯化方法	相关知识输出正确（1分）	0	1	—	2
			掌握微生物分离纯化的原理	能利用检测原理正确解释实验现象（1分）				
	实验准备		能正确配制培养基	正确配制培养基（4分）	0	4	—	8
			能正确准备仪器	仪器准备正确（4分）				
学生互评（20%）	操作技能		能熟练操作微生物分离纯化步骤（倾倒平板、10倍梯度稀释、涂布棒的操作、划线培养、全过程的无菌操作、微生物培养）	实验过程操作规范熟练（15分）	0	5	10	15
			能正确、规范记录结果并进行数据处理	原始数据记录准确、处理数据正确（5分）	0	3	4	5
教师学业评价（70%）	课前	通用能力	课前预习任务	课前任务完成认真（5分）	0	3	4	5
	课中	专业能力	实际操作能力	实验所需玻璃器皿的包扎与消毒灭菌（8分）	0	4	6	8

续表

评价方式	考核项目		评价项目	评价要求	不合格	合格	良	优
教师学业评价（70%）	课中	专业能力	实际操作能力	培养基的配制与倒平板（8分）	0	4	6	8
				10倍梯度稀释方法正确（8分）	0	4	6	8
				全过程的无菌操作技术方法正确（8分）	0	4	6	8
				微生物的分离纯化及培养（8分）	0	4	6	8
		工作素养	发现并解决问题的能力	善于发现并解决实验过程中的问题（5分）	0	5	10	15
			时间管理能力	合理安排时间，严格遵守时间安排（5分）				
			遵守实验室安全规范	符合安全规范操作（5分）				
	课后	技能拓展	用平板划线法完成酵母菌的分离纯化	正确规范完成（10分）	0	5	—	10
总分								

注：①每个评分项目里，如出现安全问题则为0分；
　　②本表与附录《职业素养考核评价表》配合使用。

■ 学习心得

● 拓展训练

　　○ 用平板划线法完成酵母菌的分离纯化，并录制视频上传至学习平台。

　　　（提示：利用互联网、国家标准、微课等。）

　　○ 拓展所学任务，查找线上相关知识，加深相关知识的学习。

　　　（例如，中国大学MOOC https://www.icourse163.org/；智慧职教 https://www.icve.com.cn等。）

巩固反馈

1. 试比较浇注平板法和涂布平板法的优缺点和应用范围。

2. 培养基配制好后，为什么必须立即灭菌？如何检查灭菌后的培养基是否无菌？

3. 学生课后总结所学内容，与老师和同学进行交流讨论并完成本任务的教学反馈。

项目四

食品微生物检验样品的采集与处理

学习目标

知识 目标	1. 了解各种样品采集、处理的原则与方法。 2. 掌握常见样品制备的方法。
技能 目标	1. 能正确查找相关资料获取样品采集与处理方法。 2. 能够独立对盒装牛乳、袋装乳粉样品进行采集与处理。 3. 能对不同样品进行正确的保存与送检。
素养 目标	1. 能严格遵守实验现场7S管理规范。 2. 能正确表达自我意见，并与他人良好沟通。 3. 践行社会主义核心价值观，形成求实的科学态度、严谨的工作作风， 领会工匠精神，不断增强团队合作精神和集体荣誉感。

■ 任务描述

为了保证产品质量，需要对产品进行检验。作为某品牌乳制品厂的检验室工作人员，应依据GB 4789.18—2010《食品安全国家标准 食品微生物学检验 乳与乳制品检验》规定，对乳制品及其相关产品进行检验前采样与预处理，以便于后续检验的开展。我们将按照如图4-1和图4-2所示内容完成学习任务。

图4-1 "项目四 食品微生物检验样品的采集与处理"实施环节

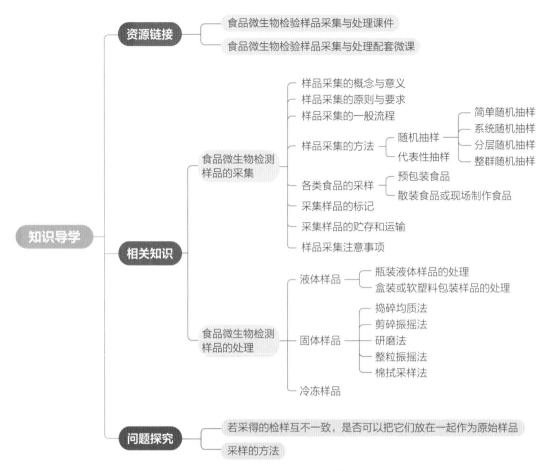

图4-2 "食品微生物检验样品的采集与处理"知识思维导图

任务要求

1. 独立完成乳制品样品采集与处理的任务。
2. 学会食品微生物检验样品的采集与处理。

思政园地

劳动是知识的源泉，知识是生活的指南。

知识链接

一、资源链接

通过网络获取GB 4789.1—2016《食品安全国家标准　食品微生物学检验　总则》、GB 4789.18—2010《食品安全国家标准　食品微生物学检验　乳与乳制品检验》及JJG 196—2006《常用玻璃量器检定规程》、GB/T 603—2023《化学试剂　试验方法中所用制剂及制品的制备》、GB/T 8170—2008《数值修约规则与极限数值的表示和判定》等相关资料。

食品微生物检验样品的采集与处理课件

食品微生物检验样品的采集与处理配套微课

通过手机扫码获取食品微生物检验样品的采集与处理课件及配套微课。

二、相关知识

（一）食品微生物检验样品的采集

1. 样品采集的概念与意义

样品的采集简称采样，是从大量分析对象中抽取一定数量的具有代表性的样品。分析结果必须能代表全部样品，因此必须采取具有足够代表性的"平均样品"，并将其制备成分析样品，如果采集的样品不具有代表性，那么即使分析方法正确，也得不到正确的结论。因此，正确的采样在分析工作中是十分重要的。

2. 样品采集的原则与要求

（1）真实性　采样人员应亲临现场采样，以防止在采样过程中发生作假或伪造现象。所有采样用具都应清洁、干燥、无异味、无污染食品的可能。应尽量避免使用对样品可能造成污染或影响检验结果的采样工具和采样容器。

（2）代表性　在大多数情况下，待鉴定食品不可能全部进行检测，而只能抽取其中的一部分作为样品，通过对样品的检测来推断该食品总体的营养价值或卫生质量。因此，所取的样品应能够较好地代表全部被检物质。若所采集的样品缺乏代表性，即使检验工作非常精密、准确，其结果都难以反映总体的情况，常可导致错误的判断和结论。

（3）准确性　性质不同的样品必须分开包装，并应视为来自不同的总体。采样方法应符合要求，采样的数量应满足检验及留样的需要。可根据感官性状进行分类或分档采样。采样记录务必填写清楚，并紧附于样品。

（4）及时性　采样应及时，采样后也应及时送检。尤其是检测样品中水分、微生物等易受环境因素影响的指标，或样品中含有挥发性物质或易分解破坏的物质时，应及时赴现场采样并尽可能缩短从采样到送检的时间。

3. 样品采集的一般流程

采样人员在采样前需要进行样品调查和现场观察，并根据检验目的、食品特点、批量、检验方法、微生物的危害程度等确定采样方案后进行采样工作，采样人员需对样品进行及时封存，在保存和运送过程中应保证样品中微生物的状态不发生变化（采集的非冷冻食品一般在0~5℃冷藏，不能冷藏的食品立即检验，一般在36h内进行），最后，采样员应将每件样品的标签标记清楚，提供尽可能详尽的资料。

样品采集过程中，由组批或货批中所抽取的样品称为检样，以许多份检样综合在一起的样品为原始样品，原始样品经过混合平均，再抽取其中一部分为平均样品，平均样品分为三份，分别用于检验、复检和保留（通常需保留一个月）。

4. 样品采集的方法

样品采集方法有随机抽样和代表性抽样。

随机抽样是按照随机原则，从大批物料中抽取部分样品，使所有物料的各部分都有被抽到的机会，分为简单随机抽样、系统随机抽样、分层随机抽样和整群随机抽样四种。

（1）简单随机抽样　简单随机抽样的总体中的每个个体被抽到的机会都是相同的，被抽取样本的总体个数有限，逐个抽取，而且不可放回。此抽样方法误差小但抽样手续比较烦琐。

（2）系统随机抽样　系统随机抽样是指每隔一定时间或一定编号（产品数量）进行，而每一次又是从一定时间间隔内生产出的产品或一段编号的产品中任意抽取一个。此抽样方法操作简便，实施起来不易出差错，但在总体发生周期性变化的场合，不宜使用这种抽样的方法。

（3）分层随机抽样　分层随机抽样是指从一个可以分成不同层（即小批）的总体中，按规定的比例从不同层中随机抽取样品的方法。按产品的某些特征（如设备、操作人员、操作方法等）把整批样品划分为若干层（小批），同一层内的产品质量应尽可能均匀一致，各层间特征界限应明显，在各层内分别用简单随机抽样法抽取一定数量的单位产品，然后合在一起即构成所需采取的原始样品。此抽样方法样本代表性比较好，抽样误差比较小，但是抽样手续较简单随机抽样更复杂。

（4）整群随机抽样　整群随机抽样是总体分成许多群（组），每个群（组）由个体按一定方式结合而成，然后随机地抽取若干群（组），并由这些群（组）中的所有个体组成样本。此抽样方法实施方便，但由于样本取自个别几个群体，而不能均匀地分布在总体中，因而代表性差，抽样误差大。

代表性抽样类似系统随机抽样，已了解样品随空间和时间而变化的规律，按此规律采样，从有代表性的各部分分别取样，使采集的样品能代表其相应部分的组成和质量。

5. 各类食品的采样

（1）预包装食品　应采集相同批次、独立包装、适量件数的食品样品，每件样品的采样量应满足微生物指标检验的要求。独立包装≤1000g的固态食品或≤1000mL的液态食品，取相同批次的包装。独立包装>1000mL的液态食品，应在采样前摇动或用无菌棒搅拌液体，使其达到均质后采集适量样品，放入同一个无菌采样容器内作为一件食品样品；>1000g的固态食品，应用无菌采样器从同一包装的不同部位分别采取适量样品，放入同一个无菌采样容器内作为一件食品样品。

（2）散装食品或现场制作食品   用无菌采样工具从n个不同部位现场采集样品，放入n个无菌采样容器内作为n件食品样品。每件样品的采样量应满足微生物指标检验单位的要求。

固体样品常用四分法取样（图4-3），液体样品常用虹吸法取样（图4-4）。

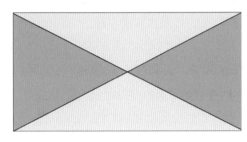

图4-3   四分法示意图

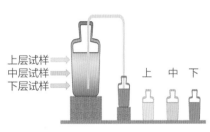

图4-4   虹吸法示意图

6. 采集样品的标记

应对采集的样品进行及时、准确的记录和标记，内容包括采样人、采样地点、时间、样品名称、来源、批号、数量、保存条件等信息。

7. 采集样品的贮存和运输

应尽快将样品送往实验室检验，在运输过程中保持样品完整，并接近原有贮存温度条件，或采取必要措施防止样品中微生物数量产生变化。

8. 样品采集注意事项

（1）采样工具应该清洁，不应将任何有害物质带入样品中。

（2）样品在检测前，不得受到污染、发生变化。

（3）样品抽取后，应迅速送检测室进行分析。

（4）在感官性质上差别很大的食品不允许混在一起，要分开包装，并注明其性质。

（5）盛样容器可根据要求选用硬质玻璃或聚乙烯制品，容器上要贴上标签，并做好标记。

（二）食品微生物检验样品的处理

1. 液体样品

（1）瓶装液体样品的处理   用点燃的酒精棉球灼烧瓶口灭菌，接着用苯酚或来苏尔溶液消毒的纱布盖好，再用灭菌开瓶器将盖启开；含有二氧化碳的样品可倒入500mL磨口瓶内，口勿盖紧，覆盖一灭菌纱布，轻轻摇荡，待气体全部逸出后，取样25mL检验。

（2）盒装或软塑料包装样品的处理　将其开口处用75%酒精棉擦拭消毒，用灭菌剪子剪开包装，覆盖上灭菌纱布或浸有消毒液的纱布再剪开部分，直接吸取样品25mL，或倾入另一灭菌容器中再取样25mL检验。

2．固体样品

（1）捣碎均质法　将中样（≥100g）剪碎或搅拌混匀，从中取25g放入带225mL稀释液的无菌均质杯中，8000～10000r/min均质1～2min即可。

（2）剪碎振摇法　将中样（≥100g）剪碎或搅拌混匀，从中取25g检样进一步剪碎，放入带225mL稀释液和直径5mm左右玻璃珠的稀释瓶中，盖紧瓶盖，用力快速振摇50次，振幅要大于40cm。

（3）研磨法　将中样（≥100g）剪碎或搅拌混匀，从中取25g检样放入无菌乳钵中充分研磨后，再放入带有225mL无菌稀释液的稀释瓶中，盖紧盖后充分摇匀。

（4）整粒振摇法　直接称取25g整粒样品置于225mL稀释液和直径为5mm左右玻璃珠的稀释瓶中，盖紧瓶盖，用力快速振摇50次，振幅要大于40cm。

（5）棉拭采样法　将板孔面积为5cm²的金属制规板压在受检物上，把灭菌棉稍蘸湿，在板孔范围内抹擦多次，然后移压另一点，再换新灭菌棉抹擦，如此抹擦重复10次，总面积为50cm²，每支棉拭抹擦完毕应立即剪断，然后投入盛有50mL灭菌水的锥形瓶中，并立即送检。

3．冷冻样品

先将冷冻中样在0～4℃下解冻，时间不能超过18h，或在45℃下解冻，时间不能超过15min，再取检样25g做稀释处理。

4．常见样品的处理（表4-1）

表4-1　常见样品的处理

国家标准	样品种类		操作细则
GB/T 4789.17—2003《食品卫生微生物学检验　肉与肉制品检验》	肉与肉制品	生肉及脏器检样	检样处理时，先将检样进行表面消毒，再用无菌刀剪取检样深层肌肉25g，放入无菌乳钵内剪碎后，加灭菌海砂或玻璃砂研磨，磨碎后加入灭菌水225mL，混匀或用均质器以8000～10000r/min均质1min后即为1∶10稀释液
		各类熟肉制品	包括酱卤肉、火腿、肉松等，一般取200g，熟禽取整只，均放于无菌容器内，立即送检，检验时直接切取25g，按照生肉样品处理

续表

国家标准	样品种类		操作细则
GB/T 4789.19—2003《食品卫生微生物学检验　蛋与蛋制品检验》	蛋与蛋制品	鲜蛋	用流动水冲洗外壳，再用75%酒精棉球擦拭消毒后放入灭菌袋内，加封做好标记后送检
		全蛋粉、蛋黄粉、蛋白片	用酒精棉球消毒包装开口处，用灭菌的金属制双套回旋取样管斜角插至瓶底，旋转套管收取样品，再将采样器提出，用灭菌小匙自上、中、下收取检样，装入灭菌广口瓶中，每份检样不少于100g，标注后送检
		冰全蛋、冰蛋黄、冰蛋白	先用75%酒精棉球消毒听装开口处，然后将盖开启，用灭菌电钻由顶到底斜角钻入，徐徐钻取检样，从中选取250g检样装入灭菌广口瓶中，标注后送检
GB 4789.18—2010《食品安全国家标准　食品微生物学检验　乳与乳制品检验》	乳与乳制品	鲜乳、酸乳	将检样摇匀，以无菌操作开启包装，塑料或纸盒（袋）装，用75%酒精棉球消毒盒盖或袋口，用灭菌剪刀剪开；玻璃瓶装，以无菌操作去掉瓶口的纸罩或瓶盖，瓶口经火焰消毒；用灭菌吸量管吸取25mL检样（液态乳中添加固体颗粒状物的，应均质后取样），放入装有225mL灭菌生理盐水的锥形瓶内，振摇均匀
		炼乳	清洁瓶或罐的表面，再用点燃的酒精棉球消毒瓶或罐口周围，然后用灭菌的开罐器打开瓶或罐，以无菌操作称取25g检样，放入预热至45℃的装有225mL灭菌生理盐水（或其他增菌液）的锥形瓶中，振摇均匀
		稀奶油、奶油、无水奶油等	无菌操作打开包装，称取25g检样，放入预热至45℃的装有225mL灭菌生理盐水（或其他增菌液）的锥形瓶中，振摇均匀，从检样融化到接种完毕的时间不应超过30min
		乳粉、乳清粉、乳糖、酪乳粉	取样前将样品充分混匀，罐装乳粉的开罐取样法同炼乳处理，袋装乳粉应用75%酒精的棉球涂擦消毒袋口，以无菌操作开封取样；称取检样25g，加入预热到45℃的盛有225mL灭菌生理盐水等稀释液或增菌液的锥形瓶内（可使用玻璃珠助溶），振摇使其充分溶解和混匀
		干酪及其制品	以无菌操作打开外包装，对有涂层的样品削去部分表面封蜡，对无涂层的样品直接经无菌操作用灭菌刀切开干酪，用灭菌刀（勺）从表层和深层分别取出有代表性的适量样品，磨碎混匀，称取25g检样，放入预热到45℃的装有225mL灭菌生理盐水（或其他稀释液）的锥形瓶中，振摇均匀，充分混合使样品均匀散开（1~3min），分散过程时温度不超过40℃，尽可能避免泡沫产生

续表

国家标准	样品种类		操作细则
GB/T 4789.22—2003《食品卫生微生物学检验 调味品检验》	调味品	酱油和食醋	瓶装样品采取原包装1瓶,用75%酒精棉球灭菌瓶口,然后用苯酚纱布将瓶口盖好,再用灭菌开瓶器开启后进行检验;散装样品可用灭菌吸量管吸取5000mL样液,放入灭菌容器内进行检验;注意:食醋检验前需用20%～30%的灭菌苯酚钠溶液调整pH至中性
		酱类	以无菌操作称取样品25g,放入灭菌容器内,加入灭菌蒸馏水225mL制成混悬液后进行检验
GB/T 4789.25—2003《食品卫生微生物学检验 酒类检验》	酒类	瓶装酒类	将75%酒精棉球点燃后灼烧瓶口灭菌,用苯酚纱布盖好,再用灭菌开瓶器将瓶盖开启,有二氧化碳的酒类可倒入另一灭菌容器内,瓶口勿盖紧,覆盖灭菌纱布轻轻摇晃,待气体全部逸出后进行检验
		散装酒类	直接吸取检验
GB/T 4789.24—2003《食品卫生微生物学检验 糖果、糕点、蜜饯检验》	糖果类	糖果	用灭菌镊子夹取包装纸,称取25g,加入预热至45℃的灭菌生理盐水225mL,待溶化后进行检验
		果脯	取不同部位检样25g,加入225mL灭菌蒸馏水制成混悬液,待溶化后进行检验

三、问题探究

1. 若采得的检样互不一致,可以把它们放在一起作为原始样品吗?

若采得的检样互不一致,不能把它们放在一起作为原始样品,因为检样是由组批或货批所抽取的样品,将许多份检样综合在一起构成有代表性的原始样品。

2. 采样的方法有哪些?

采样常用的方法有虹吸法、四分法、三层五点法和五点法(梅花法)。

四、完成预习任务

1. 阅读学习相关资源,归纳乳与乳制品样品采集与处理相关知识。

2. 绘制操作流程小报并初拟实验方案。

3. 完成老师发布的预习小测验等相关预习任务,手机扫码完成课前测试。

食品微生物检验样品的采集与处理课前测试

任务实施

提示

在整个任务实施过程中应严格遵守实验室用水、用电安全操作指南及实验室各项规章制度和玻璃器皿的安全使用规范。

一、实验准备

配图	仪器与设备	操作说明
	食品采样箱	箱内配有齐全的采样工具以及加厚铝合金外框，坚固耐用满足食品微生物检验采样需求
	无菌具塞广口瓶、锥形瓶、吸量管、搅拌棒、无菌塑料袋、一次性手套、温度计、勺子等	使用前进行灭菌处理
	酒精灯	同项目二任务1中酒精灯注意事项
	酒精棉	75%酒精浸泡脱脂棉

二、实施操作

1. 盒装牛乳样品的采集与处理

配图	操作步骤	操作说明
	（1）使用一次性手套，随机抽取盒装牛乳样品，抽样人员和受检单位人员共同确认样品的真实性和代表性，在现场认真填写抽样记录单，记录抽样的相关信息； （2）双方签字，盖单位公章，一式四联； （3）将抽取样品放入样品箱中，并密封，封条上标明封样时间，并由双方代表共同签字； （4）样品箱上要贴样品标识，将样品袋放入冷藏箱中，于24h内运送到实验室	（1）标识包括样品名称、编号和抽样时间； （2）适当包裹样品，避免样品与冷冻剂接触产生冻伤； （3）原则上不可邮寄或托运，应当由抽样人员随身携带； （4）在样品运输过程中，应有措施保证样品完整、新鲜，避免其被污染
	（5）用75%酒精棉球消毒盒盖，用灭菌剪刀剪开样品包装	使用酒精灯应注意安全
	（6）用灭菌吸量管吸取25mL牛乳样品	注意无菌操作
	（7）放入盛有225 mL灭菌生理盐水的锥形瓶中，摇匀后进行微生物检测	盛有生理盐水的锥形瓶应用高压灭菌锅灭菌

2. 袋装乳粉样品采集与处理

配图	操作步骤	操作说明
	（1）使用一次性手套，随机抽取袋装乳粉样品，抽样人员和受检单位人员共同确认样品的真实性和代表性，在现场认真填写抽样记录单，记录抽样的相关信息； （2）双方签字，盖单位公章，一式四联； （3）将抽取样品放入样品箱中，并密封，封条上标明封样时间，并由双方代表共同签字； （4）样品箱上要贴样品标识，将样品袋放入冷藏箱中，于24h内运送到实验室	（1）标识包括样品名称、编号和抽样时间； （2）适当包裹样品，避免样品与冷冻剂接触产生冻伤； （3）原则上不可邮寄或托运，应当由抽样人员随身携带； （4）样品运输过程中，应有措施保证样品完整、新鲜，避免被污染
	（5）用75%酒精棉球消毒样品包装表面	（1）先用75%的酒精棉球擦拭剪刀口，再用火焰灼烧灭菌； （2）取样前样品应充分均匀
	（6）以无菌操作开封，称取检样25g	注意无菌操作
	（7）加入预热到45 ℃盛有225 mL灭菌生理盐水等稀释液或增菌液的锥形瓶内（可使用玻璃珠助溶），振摇使其充分溶解和混匀	（1）对于经酸化工艺生产的乳清粉，应使用pH 8.4±0.2的磷酸氢二钾缓冲液稀释； （2）对于含较高淀粉的特殊配方乳粉，可使用α-淀粉酶降低其溶液黏度，或将稀释度加倍以降低其溶液黏度

三、填写样品采集与处理记录表（表 4-2）

表4-2　食品微生物检验样品的采集与处理数据记录表

任务来源				任务类别	□监督抽检；□风险监测； □案件稽查；□事故调查； □突发事件		
受检单位信息	单位名称			区域类型	□城市；□乡村；□景点		
	单位地址						
	许可证编号		社会信用代号		营业执照号		
	法人代表		联系人				
	电话		手机		传真		
抽样地点	生产环节：□原辅料库；□生产线；□半成品库；□成品库（□待检区；□已检区）； □留样区；□其他（　　　　　　　） 流通环节：□农贸市场；□批发市场；□商场；□超市；□小食杂店；□便利店；□网购； □其他（　　　　　　　） 餐饮环节：餐馆（□特大型餐馆；□大型餐馆；□中型餐馆；□小型餐馆；□微型餐馆）； 食堂（□机关食堂；□学校/托幼食堂；□企事业单位食堂；□建筑工地食堂）；□集体 用餐配送单位；□中央厨房；□其他（　　　　　　　）						
样品信息	样品来源	□加工/自制；□委托生产；□外购；□其他					
	样品属性	□普通食品；□特殊食品					
	样品类型	□食用农产品；□工业加工食品；□餐饮加工食品；□食品添加剂； □食品相关产品；□其他（　　　　　　　）					
	样品名称			商标			
	□生产； □加工； □购进日期	年　　月　　日		规格型号			
	样品批号			保质期			
	执行标准/ 技术文件			质量等级			
	生产许可证编号		单价		进口食品	□是；□否	
	抽样基数		抽样数量 （含备样）		备样数量		
	样品形态	□固体；□半固体；□液体；□气体			包装分类	□散装； □预包装	
（标称）生产者信息	生产者名称						
	生产者地址				联系电话		

续表

（标称）样品贮存条件	□常温；□冷藏；□冷冻；□避光； □密闭；□其他（　　　　　）		寄送样品地址	
抽样样品包装	□玻璃瓶；□塑料瓶；□塑料袋； □无菌袋；□其他（　　　　）		抽样方式	□无菌抽样； □非无菌袋
抽样单位信息	单位名称		地址	
	联系人		联系电话	邮编
样品处理方法				
备注				

被抽样单位对抽样程序、过程、封样状态及上述内容无异议

被抽样单位（盖章）：　　　　　　　　　　　抽样单位（公章）：

经办人（签名）：　　　　年　　月　　日　抽样人（签名）：　　　　年　　月　　日

▫ 评价反馈 ▭

"食品微生物检验样品的采集与处理"考核评价表

学生姓名：＿＿＿＿＿＿＿＿　　　班级：＿＿＿＿＿＿＿＿　　　日期：＿＿＿＿＿＿＿＿

评价方式	考核项目	评价项目	评价要求	不合格	合格	良	优
自我评价（10%）	相关知识	了解食品采集与处理等相关知识	相关知识输出正确（1分）	0	1	—	2
		掌握乳与乳制品样品采集的方法	能利用检测原理正确解释实验现象（1分）				
	实验准备	准确制备样品	样品制备准确（4分）	0	4	—	8
		正确准备仪器	仪器准备正确（4分）				
学生互评（20%）	操作技能	能熟练进行乳与乳制品的样品采集与处理	操作规范熟练（15分）	0	5	10	15
		能正确、规范记录结果	原始数据记录准确、处理数据正确（5分）	0	3	4	5

续表

评价方式	考核项目		评价项目	评价要求	不合格	合格	良	优
教师学业评价（70%）	课前	通用能力	课前预习任务	课前任务完成认真（5分）	0	3	4	5
	课中	专业能力	实际操作能力	正确解读国家标准（10分）	0	6	8	10
				准确进行灭菌处理（10分）	0	6	8	10
				准确进行乳与乳制品采集与处理（10分）	0	6	8	10
				对实验结果进行准确记录（5分）	0	3	4	5
				两次独立测定结果的绝对差值不超过算数平均值的5%（5分）	0	3	4	5
		工作素养	发现并解决问题的能力	善于发现并解决实验过程中的问题（5分）	0	5	10	15
			时间管理能力	合理安排时间，严格遵守时间安排（5分）				
			遵守实验室安全规范	符合安全规范操作（5分）				
	课后	技能拓展	完成肉与肉制品的采样处理	正确规范完成（10分）	0	5	—	10
总分								

注：①每个评分项目里，如出现安全问题则为0分；
　　②本表与附录《职业素养考核评价表》配合使用。

◼学习心得

●拓展训练

　　○ 完成肉与肉制品的采样处理，绘制相关操作流程小报并录制视频。

　　（提示：利用互联网、国家标准、微课等。）

　　○ 拓展所学任务，查找线上相关知识，加深相关知识的学习。

　　（例如，中国大学MOOC　https://www.icourse163.org/；智慧职教　https://www.icve.com.cn等。）

巩固反馈

1. 由组批或货批中所抽取的样品称为：＿＿＿＿＿＿＿＿＿＿＿＿＿＿＿＿＿＿。

2. 对于液体样品，正确采样的方法是：＿＿＿＿＿＿＿＿＿＿＿＿＿＿＿＿＿。

3. 可用"四分法"制备平均样品的是（　　　）

　　A. 稻谷　　　　　　　　　　　B. 蜂蜜

　　C. 鲜乳　　　　　　　　　　　D. 苹果

4. 用于检测分析的是以下哪种样品（　　　）

　　A. 检样　　　　　　　　　　　B. 平均样品

　　C. 原始样品　　　　　　　　　D. 所有样品

5. 学生课后总结所学内容，与老师和同学进行交流讨论并完成本任务的教学反馈。

任务 1　食品中菌落总数的测定

知识 目标	1. 了解食品中菌落总数测定在食品微生物检验中的意义。 2. 掌握菌落总数的定义及检测原理。 3. 掌握食品中菌落总数的测定流程。
技能 目标	1. 能正确查找相关资料获取菌落总数检验方法。 2. 能够独立进行食品中菌落总数的测定。 3. 能进行食品中菌落总数检测的数据处理与结果计算。
素养 目标	1. 能严格遵守实验现场7S管理规范。 2. 能正确表达自我意见，并与他人良好沟通。 3. 践行社会主义核心价值观，形成求实的科学态度、严谨的工作作风， 领会工匠精神，不断增强团队合作精神和集体荣誉感。

■ 任务描述

　　菌落总数测定的目的在于了解食品生产从原料加工到成品包装这一过程中受外界污染的情况，菌落总数的多少标志着食品卫生质量的优劣。人们如果进食菌落总数超标的食品，容易引起肠胃不适、腹泻等症状。菌落总数还可以用来预测食品可存放的期限。本任务依据GB 4789.2—2022《食品安全国家标准　食品微生物学检验　菌落总数测定》进行检验。我们将按照如图5-1和图5-2所示内容完成学习任务。

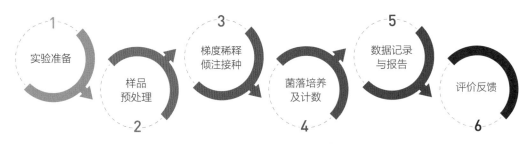

图5-1　"任务1　食品中菌落总数的测定"实施环节

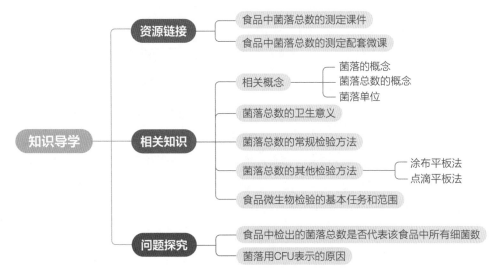

图5-2　"食品中菌落总数的测定"知识思维导图

● 任务要求

1. 独立完成食品中菌落总数的检测任务。
2. 学会菌落计数和计算并完成报告。

> **思政园地**
>
> 蜂采百花酿甜蜜，人读群书明真理。

📖 知识链接

一、资源链接

通过网络获取GB 4789.2—2022《食品安全国家标准　食品微生物学检验　菌落总数测定》及JJG 196—2006《常用玻璃量器检定规程》、GB/T 602—2002《化学试剂　杂质测定用标准溶液的制备》、GB/T 603—2023《化学试剂　试验方法中所用制剂及制品的制备》、GB/T 8170—2008《数值修约规则与极限数值的表示和制定》等相关资料。

通过手机扫码获取食品中菌落总数的测定课件及配套微课。

食品中菌落总数的测定课件

食品中菌落总数的测定配套微课

二、相关知识

（一）菌落总数的概念

1. 菌落的概念

菌落是指单个细菌（或其他微生物）细胞在固体培养基表面或内部生长繁殖而形成的有一定形态结构等特征的能被肉眼识别的子细胞群落，它是由数以万计相同的微生物细胞集合而成。当菌种样品被稀释到一定程度，与培养基混合，在一定培养条件下，每个能够生长繁殖的细菌细胞都可以在平板上形成一个肉眼可见的菌落。

2. 菌落总数的概念

菌落总数是指在一定条件下（如培养基营养成分、培养基pH、培养温度和时间等）每克（每毫升）检样所生长出来的细菌菌落总数，按照国家标准方法规定，即在需氧情况下，37℃培养48h，能在普通营养琼脂平板上生长出来的细菌菌落总数。厌氧菌或微需氧菌、有特殊营养要求的以及嗜冷、嗜热的细菌，由于条件不能满足其生理需求，故难以繁殖生长，因此菌落总数并不表示实际样品的所有细菌总数。菌落总数并不能区分其中的细菌种类，所以有时被称为杂菌数或需氧菌数等。

3. 菌落单位

菌落形成单位（colony forming unit，CFU）是计算菌落数量的一种方法，其值越高表示样品所含的细菌越多。菌落形成单位的计量方式与一般的计数方式不同，一般直接在显微镜下计算细菌数量时会将活的与死的细菌全部算入，但是CFU只计算活的细菌，通过将一份样本接种到琼脂培养基上，生成菌落，计算形成的菌落数，如图5-3所示。

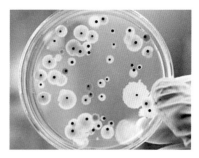

图5-3　以CFU为单位进行细菌菌落总数的计数

（二）菌落总数的卫生学意义

菌落总数测定是用来判定食品污染的程度及卫生质量的，共有两个方面的食品卫生意义，一方面反映食品在生产过程中是否符合卫生要求，以便对被检样品做出适当的卫生学评价，菌落总数的多少在一定程度上标志着食品质量的优劣；另一方面可以用来预测食品可能存放的期限，食品中细菌数较多，将加速食品的腐败变质，甚至引起使用者的不良反应。

（三）菌落总数的常规检验方法

菌落总数的常规检验方法是采用GB 4789.2—2022《食品安全国家标准　食品微生物学检验　菌落总数测定》中推荐的平板计数法来检测，一般将被检样品制成几个不同的10倍递增稀释液，然后从每个稀释液中分别取出1mL置于灭菌培养皿中与平板计数琼脂培养基混合，在一定温度下培养一定时间后（一般为48h），记录每个培养皿中形成的菌落总数，依据稀释倍数计算出每克或者每毫升原始样品中所含细菌菌落总数。

（四）菌落总数的其他检验方法

菌落总数的其他检验方法还有涂布平板法、点滴平板法等。

1. 涂布平板法

涂布平板法是将营养琼脂制成平板，经过50℃下1～2h或35℃下18～20h干燥后，在上面滴加检样稀释液0.2mL，用L棒涂布于整个平板的表面，放置约10min，将平板翻转，放置于36℃±1℃的温箱内培养24h±2h（水产品用30℃培养48h±2h），取出后进行菌落计数，然后乘以5（将0.2mL换算成1mL），再乘以样品稀释液的倍数，即可得出每克或每毫升检样中所含菌落数。

2. 点滴平板法

点滴平板法与涂布平板法相似，不同的是点滴平板法只是用标定好的微量吸量管或注射器针头按滴（每滴相当于0.025mL）将检样稀释液滴加于琼脂平板上固定的区域。预先在平板背面用标记笔划分成四个区域，每个区域滴1滴，每个稀释度滴两个区域作为平行实验，滴加后将平板放平约10min，然后翻转平板，放置于36℃±1℃的温箱内培养6～8h后进行计数。将所得菌落数乘以40，由0.025mL换算为1mL，再乘以样品的稀释倍数，即得出每克或每毫升检样所含菌落数。

（五）食品微生物检验的基本任务和范围

食品微生物检验是基于微生物学的基本理论，利用微生物实验技术，根据各类产品的卫生标准要求，检验食品中微生物数量及种类等，用以判断产品卫生质量的一门应用技术。食品微生物检验是产品卫生标准中的一项重要内容，也是确保产品质量和安全、防止致病菌污染和疾病传播的重要手段。通过微生物检验，除了可以判断本身质量外，还可以对产品加工环境的卫生情况及运输、贮藏过程中是否受到污染做出正确的评价，为各项卫生管理工作提供科学依据。此外，通过微生物检验，可以贯彻"预防为主"的卫生方针，能够有效地防止或者减少食物中毒、人畜共患病的发生，保障人民的身体健康；同时，它在提高产品质量、避免经济损失、保证出口等方面具有政治和经济上的重要意义。

1. 食品微生物检验的基本任务

（1）研究各类产品的样品采集、运送、保存以及预处理方法，提高检测准确度。

（2）根据各类产品的卫生标准要求，选择适合不同产品、针对不同检测目标的最佳检测方法，探讨影响产品卫生质量的有关微生物的检测、鉴定程序以及相关质量控制措施；利用微生物检验技术，正确进行各类样品的检验。

（3）研究有关微生物的快速检测方法和自动化仪器的使用，并认真进行检验结果分析和实验方法评价。

（4）及时对检验结果进行统计、分析、处理，并及时、准确地完成结果报告。

（5）对影响产品卫生质量及人类健康的相关环境的微生物进行调查、分析与质量控制。

2. 食品微生物检验的范围

根据食品被污染的原因和途径，食品微生物检验的范围包括以下几个方面。

（1）食品生产环境的微生物检验　如车间用水、空气、地面、墙壁等。

（2）各种产品的原料、辅料检验　包括食用动物、谷物、添加剂等一切原料、辅料。

（3）各类产品加工、贮藏、销售环节的检验　包括食品从业人员的卫生状况检验，加工工具、运输车辆、包装材料的检验等。

（4）产品的检验　对出厂产品、可疑产品及食物中有毒食品的检验。

三、问题探究

1. 食品中检出的菌落总数是否代表该食品中所有细菌数？

菌落总数并不表示样品中实际存在的所有细菌总数，菌落总数并不能区分其中细菌的种类，所以有时被称为杂菌数，需氧菌数等。因为很多细菌是不可培养的，检测出的菌落总数只代表食品中可培养的细菌数。

2. 为什么菌落用CFU表示，而不用个数表示？

一个活细菌可以在条件合适的固体表面上形成一个菌落，但是吸附于微小颗粒上的两个以上菌体或粘连在一起的菌团可能共同形成一个菌落，但细菌的生活能力各不相同，因此可用菌落形成单位CFU代替以往常用的"菌落个数"作为平板计数的数量单位。

四、完成预习任务

1. 阅读学习相关资源，归纳食品中菌落总数检测的相关知识。

2. 绘制操作流程小报并初拟实验方案。

3. 完成老师发布的预习小测验等相关预习任务，手机扫码完成课前测试。

食品中菌落
总数的测定
课前测试

任务实施

一、实验准备

配图	仪器与设备	操作说明
	电热干燥箱	同项目二任务1中电热干燥箱的操作说明
	电子天平（感量为0.01g）	同项目二任务1中电子天平的操作说明
	恒温培养箱	恒温培养箱温度为：36℃±1℃
	恒温水浴锅	温度为：48℃±2℃
	拍击式均质器	—

配图	仪器与设备	操作说明
	（1）酒精灯、试管、油性笔、试管架、研钵、灭菌刀和剪刀、灭菌镊子、均质袋等； （2）无菌吸量管：1mL（具有0.01mL刻度）或微量移液器及吸头； （3）无菌锥形瓶：容量为250mL； （4）无菌培养皿：直径为90mm	需灭菌物品请在检验开始前按要求进行灭菌

二、实施操作

1. 实验前准备

配图	试剂配制和样品	操作说明
	称取平板计数琼脂23.5g，加入蒸馏水或去离子水1L，搅拌加热煮沸至完全溶解，分装锥形瓶，121℃高压灭菌15min，灭菌完成后，将获得的平板计数琼脂培养基置于46℃±1℃水浴中备用	按要求使用电炉，温度不要设置过高，同时做好自身防护防止烫伤
	称取9g氯化钠，溶液定容至1000mL容量瓶中	（1）在试管中加入生理盐水9mL，并在高压蒸汽灭菌锅中灭菌； （2）在生理盐水罐中加入225mL生理盐水，并在高压蒸汽灭菌锅中灭菌
	市售糕点	本任务选用市售的糕点为实验样品

2. 消毒（同项目二任务2的消毒步骤）

3. 样品预处理

配图	操作步骤	操作说明
	（1）以无菌操作方法称取25g预处理样品，放入盛有225mL稀释液的无菌均质袋中	（1）称样前先将样品外包装和剪刀等进行消毒； （2）称量样品时，尽量将样品剪碎，这样有利于样品均液的制备； （3）天平读数接近25g时，应缓慢加入预处理样品，避免加入过量； （4）在打开均质袋时，不要触碰到均质袋内壁，避免沾染外来细菌
	（2）用拍击式均质器拍打1~2min，制成1∶10的样品匀液	（1）打开均质袋时，不要触碰到均质袋内壁，避免污染； （2）拍打前一定要将均质袋中空气排净，以免影响拍打效果； （3）拍打前将均质袋放在拍打器中央，以保证拍打均匀； （4）均质袋口应折叠两次，避免拍打时均质液从袋口溢出

4. 10倍系列稀释液的制备

配图	操作步骤	操作说明
	（1）在无菌生理盐水管上标记稀释倍数，并从每个稀释度分别吸取1mL空白稀释液加入一个无菌培养皿内作为空白对照	稀释液空白对照只针对同一浓度的稀释液，每次做一个空白对照平板
	（2）在培养皿外圈标记操作时间、操作人及稀释倍数，并标记空白	向培养皿中加入稀释液时要在无菌环境下进行

配图	操作步骤	操作说明
	（3）以无菌操作方法，用1mL无菌吸量管吸取1∶10样品匀液1mL，沿管壁缓慢注于盛有9mL稀释液的无菌试管中	（1）吸量管及吸量管尖端不要触及均质袋袋口、外侧及试管口外壁； （2）吸量管插入无菌稀释液中不得低于2.5cm
	（4）振摇试管，无菌操作，换用1支无菌吸量管反复吹吸样品匀液使其混合均匀，制成1∶100的样品匀液	（1）吸量管不要触碰试管口外壁，避免污染； （2）吹吸过程应迅速且充分
	（5）按上述操作程序，连续稀释，制备10倍系列稀释样品匀液	（1）将样品匀液加入9mL空白稀释液试管内，应小心沿试管壁加入，不要触及管内稀释液，防止吸量管尖端外侧黏附的检液混入其中； （2）每递增稀释一次，换用一支1mL无菌吸量管，以免影响检测数据的准确性

5. 倾注接种

配图	操作步骤	操作说明
	（1）选择1~3个适宜稀释度的样品匀液	将样品匀液加入灭菌培养基的操作应在无菌环境下进行
	（2）按稀释倍数吸取1mL样品匀液加入无菌培养皿内，每个稀释度做两个平行培养皿，同时分别吸取1mL空白稀释液加入两个无菌培养皿内作空白对照	操作要迅速，以保证在20min内完成多个稀释度样品匀液的加入
	（3）将15~20mL冷却至46~50℃的平板计数琼脂培养基（可放置于48℃±2℃恒温水浴锅中保温）倾注培养皿，转动培养皿使其混合均匀	（1）及时倾注培养基，避免产生片状菌落； （2）加入混合培养基时，可将皿底在平面上先前后左右摇动，再按顺时针和逆时针方向旋转，以使其混匀； （3）混合过程中要小心，避免培养基溅到培养皿边缘及上方，造成外溢

6. 菌落培养

配图	操作步骤	操作说明
	待琼脂凝固后，将平板翻转，36℃±1℃，培养48h±2h	培养皿内琼脂凝固后，在数分钟内将培养皿翻转，进行培养，这样可以避免菌落蔓延生长

7. 菌落计数

配图	操作步骤	操作说明
	按照GB 4789.2—2022的要求进行菌落计数	对菌落进行计数时，可用肉眼观察，必要时借用放大镜或菌落计数器，以防遗漏，同时记录稀释倍数和菌落数量（CFU）

三、菌落计数的结果与报告

（1）若只有一个稀释度平板上的菌落数在适宜计数范围内，计算两个平板菌落数的平均值，再将平均值乘以相应稀释倍数，作为每克(或每毫升)样品中菌落总数结果，见表5-1。

（2）若有两个连续稀释度的平板菌落数在适宜计数范围内时，按下式计算：

$$N = \frac{\sum C}{(n_1 + 0.1 n_2)\, d}$$

式中　N——样品中菌落数

$\sum C$——平板（含适宜范围菌落数的平板）菌落数之和

n_1——第一稀释度（低稀释倍数）平板个数

n_2——第二稀释度（高稀释倍数）平板个数

d——稀释因子（第一稀释度）

（3）若所有稀释度的平板上菌落数均大于300CFU，则对稀释度最高的平板进行计数，其他平板可记录为多不可计结果，按平均菌落数乘以最高稀释倍数计算，见表5-1。

（4）若所有稀释度的平板菌落数均小于30CFU，则应按稀释度最低的平均菌落数乘以稀释倍数计算，见表5-1。

（5）若所有稀释度（包括液体样品原液）平板均无菌落生长，则以小于1乘以最低稀释倍数计算，见表5-1。

（6）若所有稀释度的平板菌落数均不在30～300CFU，其中一部分小于30CFU或大于300CFU时，则以最接近30CFU或300CFU的平均菌落数乘以稀释倍数计算，见表5-1。

表5-1　不同稀释度的选择及菌落报告方式

序号	稀释度及菌落总数			菌落总数	报告方式
	10^{-1}	10^{-2}	10^{-3}		
1	多不可计	234	14	23400	23000
2	多不可计	232、244	33、35	24727	25000
3	多不可计	多不可计	337	337000	340000
4	29	13	5	290	290
5	0	0	0	<10	<10
6	多不可计	310	13	31000	31000

四、菌落总数的数据记录与报告（表5-2）

表5-2　菌落总数的测定原始数据记录表

项目名称				检验日期			检验员		
环境条件	温度 相对湿度		℃ %	主要仪器设备			培养时间		
样品编号	执行标准	标准要求	检验数据					结果	结论
						空白			

续表

主要检测步骤					
校核人员		校核日期		备注	

报告说明：

①菌落数＜100CFU时，按"四舍五入"原则修约，以整数报告；

②菌落数≥100CFU 时，第3位数字采用"四舍五入"原则修约后，取前2位数字，后面用0代替位数；也可用10的指数形式来表示，按"四舍五入"原则修约后，采用两位有效数字；

③若所有平板上为蔓延菌落而无法计数，则报告菌落蔓延；

④若空白对照上有菌落生长，则此次检测结果无效；

⑤称重取样以 CFU/g为单位报告，体积取样以 CFU/mL为单位报告。

═ 评价反馈 ═

"食品中菌落总数的测定"考核评价表

学生姓名：＿＿＿＿＿＿＿＿　　　　班级：＿＿＿＿＿＿＿＿　　　　日期：＿＿＿＿＿＿＿＿

评价方式	考核项目		评价项目	评价要求	不合格	合格	良	优
自我评价（10%）	相关知识		了解菌落总数概念及检测微生物学意义	相关知识输出正确（1分）	0	1	—	2
			掌握菌落总数测定原理	能利用检测原理正确解释实验现象（1分）				
	实验准备		能正确配制实验试剂	正确配制试剂（4分）	0	4	—	8
			能正确准备仪器	仪器准备正确（4分）				
学生互评（20%）	操作技能		能熟练掌握食品中菌落总数检验（样品前处理、样品稀释、接种和培养等）的操作规范	实验过程操作规范熟练（15分）	0	5	10	15
			能正确、规范记录结果并进行数据处理	原始数据记录准确、处理数据正确（5分）	0	3	4	5
教师学业评价（70%）	课前	通用能力	课前预习任务	课前任务完成认真（5分）	0	3	4	5
	课中	专业能力	实际操作能力	正确解读国家标准（5分）	0	3	4	5
				无菌操作规范（5分）	0	3	4	5
				培养基配制规范（5分）	0	3	4	5
				检样操作规范（5分）	0	3	4	5

续表

评价方式	考核项目		评价项目	评价要求	不合格	合格	良	优
教师学业评价（70%）	课中	专业能力	实际操作能力	10倍系列稀释操作规范（5分）	0	3	4	5
				能按照操作规范进行倾倒培养基、接种等操作，并且动作正确、流畅，培养基无破损（10分）	0	6	8	10
				正确进行培养箱温度、时间设置（5分）	0	3	4	5
		工作素养	发现并解决问题的能力	善于发现并解决实验过程中的问题（5分）	0	5	10	15
			时间管理能力	合理安排时间，严格遵守时间安排（5分）				
			遵守实验室安全规范	（酒精灯使用、无菌操作、废弃物的处理等）符合安全规范操作（5分）				
	课后	技能拓展	饮料中菌落总数的测定	正确规范完成（10分）	0	5	—	10
总分								

注：①每个评分项目里，如出现安全问题则为0分；
　　②本表与附录《职业素养考核评价表》配合使用。

● 学习心得

_____

_____

_____

_____

_____

_____

▪拓展训练

o 完成饮料中菌落总数的测定，绘制相关操作流程小报并录制视频。

（提示：利用互联网、国家标准、微课等。）

o 拓展所学任务，查找线上相关知识，加深相关知识的学习。

（例如，中国大学MOOC https://www.icourse163.org/；智慧职教 https://www.icve.com.cn等。）

📝 巩固反馈

1. 在测定某食品菌落总数时，若10^{-1}菌落多不可计，10^{-2}菌落数为204，213，10^{-3}的菌落数为19，18，则该样品应报告菌落总数是（　　　）

   A. 2.0×10^4　　　　　　　　　　　　B. 2.1×10^4

   C. 1.9×10^4　　　　　　　　　　　　D. 4.0×10^4

2. 菌落总数的计算公式：$N=C/[(n_1+0.1n_2)d]$，其中n_1是指（　　　）

   A. 第一个适宜稀释度平板上的菌落数

   B. 常数2

   C. 适宜范围菌落数的第一稀释度平板个数

   D. 稀释因子

3. 简述菌落总数测定的操作流程。

4. 学生课后总结所学内容，与老师和同学进行交流讨论并完成本任务的教学反馈。

任务 2　食品中大肠菌群的检测

学习目标

知识目标
1. 了解食品中大肠菌群检验在食品微生物检验中的意义。
2. 掌握大肠菌群的定义及检验原理。
3. 掌握食品中大肠菌群计数的测定流程。

技能目标
1. 能正确查找相关资料获取大肠菌群的检验方法。
2. 能够独立进行食品中大肠菌群的检验。
3. 能记录大肠菌群检验的结果并完成报告。

素养目标
1. 能严格遵守实验现场7S管理规范。
2. 能正确表达自我意见，并与他人良好沟通。
3. 践行社会主义核心价值观，形成求实的科学态度、严谨的工作作风，领会工匠精神，不断增强团队合作精神和集体荣誉感。

▪ 任务描述

　　大肠菌群主要存在于人和温血动物的肠道中，主要来源于人畜粪便，故以此作为粪便污染指标来评价食品的卫生质量，具有广泛的卫生学意义。它反映了食品是否被粪便污染，同时间接地指出食品是否有肠道致病菌污染的可能性。根据数量的多少，判定食品受污染的程度。本任务依据GB 4789.3—2016《食品安全国家标准　食品微生物学检验学　大肠菌群计数》进行检验。我们将按照如图5-4和图5-5所示内容完成学习任务。

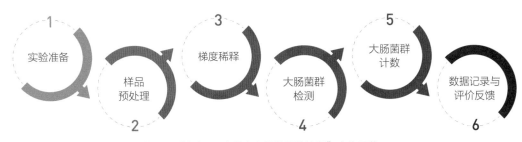

图5-4　"任务2　食品中大肠菌群的检测"实施环节

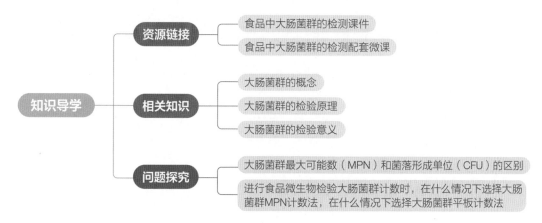

图5-5 "食品中大肠菌群的检测"知识思维导图

任务要求

1. 独立完成食品中大肠菌群的检测任务。
2. 学会大肠菌群计数及报告。

> **思政园地**
>
> 学而不思则罔，思而不学则殆。

知识链接

一、资源链接

通过网络获取GB 4789.3—2016《食品安全国家标准 食品微生物学检验 大肠菌群计数》及JJG 196—2006《常用玻璃量器检定规程》、GB/T 602—2002《化学试剂 杂质测定用标准溶液的制备》、GB/T 603—2023《化学试剂 试验方法中所用制剂及制品的制备》、GB/T 8170—2008《数值修约规则与极限数值的表示和制定》等相关资料。

通过手机扫码获取食品中大肠菌群的检测课件及配套微课。

食品中大肠菌群的检测课件

食品中大肠菌群的检测配套微课

二、相关知识

（一）大肠菌群的概念

大肠菌群系在一定培养条件下能发酵乳糖、产酸产气的需氧和兼性厌氧革兰氏阴性无芽孢杆菌。一般认为该菌群细菌可包括大肠埃希氏菌、柠檬酸杆菌、产气克雷伯氏菌和阴沟肠杆菌等。

（二）大肠菌群的检验原理

1. 大肠菌群MPN计数法

MPN法是统计学和微生物学结合的一种定量检测法，该方法适用于大肠菌群含量较低的食品中大肠菌群的计数。待测样品经系列稀释并培养后，根据其未生长的最低稀释度与生长的最高稀释度，应用统计学概率论推算出待测样品中大肠菌群的最大可能数，具体检验操作程序如图5-6所示。

2. 大肠菌群平板计数法

大肠菌群在固体培养基中发酵乳糖产酸，在指示剂的作用下形成可计数的红色或紫色，带有或不带有沉淀环的菌落。乳糖作为可发酵碳源，胆盐和结晶紫抑制革兰氏阴性菌生长，中性红为酸碱指示剂。大肠菌群在结晶紫中性红胆盐琼脂培养基上会形成紫红色菌落，周围有胆酸盐沉淀。大肠菌群平板计数法适用于大肠菌群含量较高的食品中大肠菌群的计数（图5-7）。

（三）大肠菌群的检验意义

大肠菌群主要存在于人和温血动物的肠道，主要来源于人畜粪便，故以此作为

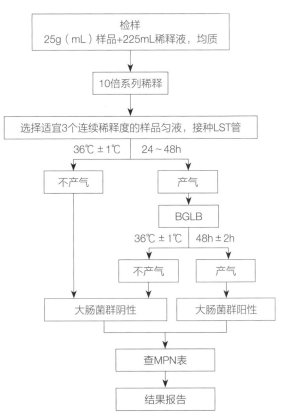

图5-6　大肠菌群MPN计数法检验程序示意图
LST—月桂基硫酸盐胰蛋白胨肉汤培养基
BGLB—煌绿乳糖胆盐肉汤

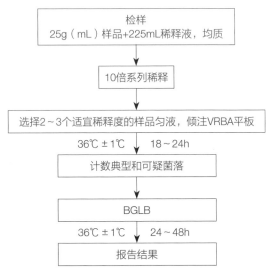

图5-7　大肠菌群平板计数法检验程序示意图
VRBA—结晶紫中性红胆盐琼脂
BGLB—煌绿乳糖胆盐肉汤

粪便污染指标来评价食品的卫生质量，具有广泛的卫生学意义，它反映了食品是否被粪便污染，同时间接地指出食品是否有肠道致病菌污染的可能性，根据其数量的多少，可判定食品受污染的程度。

三、问题探究

1. 大肠菌群最大可能数（MPN）和菌落形成单位（CFU）的区别是什么？

　　最大可能数（MPN）是基于泊松分布的一种间接计数方法。MPN法是统计学和微生物学结合的一种定量检测法。待测样品经系列稀释并培养后，根据其未生长的最低稀释度与生长的最高稀释度，应用统计学概率论推算出待测样品中大肠菌群的最大可能数。而菌落形成单位（CFU）是指在琼脂平板上经过一定温度和时间培养后形成的菌落数，是计算细菌或霉菌数目的单位。

2. 进行食品微生物检验大肠菌群计数时，在什么情况下选择大肠菌群 MPN 计数法，在什么情况下选择大肠菌群平板计数法？

　　当对大肠菌群含量较低的食品中大肠菌群的计数时，选择大肠菌群 MPN 计数法；当对大肠菌群含量较高的食品中大肠菌群的计数时，选择大肠菌群平板计数法。

四、完成预习任务

1. 阅读学习相关资源，归纳食品中大肠菌群计数的相关知识。

2. 绘制操作流程小报并初拟实验方案。

3. 完成老师发布的预习小测验等相关预习任务，手机扫码完成课前测试。

食品中大肠菌群的检测课前测试

 任务实施

> **提示**
>
> 在整个任务实施过程中应严格遵守实验室用水、用电安全操作指南及实验室各项规章制度和玻璃器皿的安全使用规范。

一、实验准备

配图	仪器与设备	操作说明
	电热干燥箱	同项目二任务1中电热干燥箱的操作说明

配图	仪器与设备	操作说明
	电子天平（感量为0.1g）	同项目二任务1中电子天平的操作说明
	恒温培养箱	恒温培养箱温度为：36℃±1℃
	恒温水浴锅	恒温水浴锅温度为：46℃±1℃
	拍击式均质器	—
	（1）酒精灯、试管架、剪刀、灭菌镊子、均质袋等； （2）无菌吸量管：1mL（具有0.01mL刻度）和微量移液器及配套吸头； （3）无菌锥形瓶：容量为250mL； （4）无菌培养皿：直径为90mm； （5）无菌试管及无菌杜氏发酵管	需灭菌的物品请在检验开始前按要求进行灭菌
	市售酸乳	本任务选用市售的酸乳为实验样品

二、实施操作

（一）大肠菌群MPN计数法

1. 实验前准备

配图	试剂配制	操作说明
	（1）月桂基硫酸盐胰蛋白胨肉汤培养基（LST）： 按说明书要求配制； （2）煌绿乳糖胆盐肉汤（BGLB）： 按说明书要求配制； （3）结晶紫中性红胆盐琼脂（VRBA）： 按说明书要求配制	（1）操作过程中做好自身防护防止烫伤； （2）结晶紫中性红胆盐琼脂（VRBA）培养基使用前（不得超过3h）临时制备； （3）配制的量需根据实际样品的量计算
	称取0.85g氯化钠，溶液定容至1000mL容量瓶中	（1）在试管中加入生理盐水9mL，并置于高压蒸汽灭菌锅中灭菌； （2）在锥形瓶中加入225mL生理盐水，并置于高压蒸汽灭菌锅中灭菌

2. 消毒（同项目一任务2中的消毒步骤）

3. 样品预处理

配图	操作步骤	操作说明
	（1）固体和半固体样品： 称取25g加入225mL0.85%灭菌生理盐水中； （2）液体样品： 以无菌吸量管吸取25mL样品，置于盛有225mL磷酸盐缓冲液或生理盐水的无菌锥形瓶中（瓶内预置适当数量的无菌玻璃珠）	（1）称样前先将样品外包装和剪刀等进行消毒； （2）称量样品时，尽量将样品剪碎，这样有利于样品均液的制备； （3）天平读数接近25g时，应缓慢加入预处理样品，避免添加过量
	（1）固体和半固体样品： 用拍击式均质器拍打1~2min，制成1∶10的样品匀液； （2）液体样品： 直接充分混匀，制成1∶10的样品匀液	样品匀液的pH应在6.5~7.5，必要时分别用1mol/LNaOH或1mol/LHCl调节

4. 10倍系列稀释液的制备

配图	操作步骤	操作说明
	（1）在无菌生理盐水管上标记稀释倍数	—
	（2）用1mL无菌吸量管或微量移液器吸取1∶10样品匀液1mL，沿试管壁缓缓注入有9mL生理盐水的无菌试管中	注意吸量管或微量移液器尖端不要触及无菌生理盐水管中的稀释液面
	（3）振摇试管或换用1支1mL无菌吸量管反复吹打，使其混合均匀，制成1∶100的样品匀液，根据污染程度按照上述方法，依次制成10倍系列稀释匀液	每递增稀释一次，换用一支1mL无菌吸量管，以免影响检测数据的准确性

5. 初发酵实验（大肠菌群 MPN 计数法）

配图	操作步骤	操作说明
	（1）每个样品选择3个适宜的连续稀释度的样品匀液（液体样品可以选择原液），每个稀释度接种3管月桂基硫酸盐胰蛋白胨（LST）肉汤，每管接种1mL	（1）加样操作应在无菌环境下进行； （2）加样液后不能振摇杜氏发酵管； （3）从制备样品匀液至样品接种完毕，全过程不得超过15min
	（2）36℃±1℃培养24h±2h，观察杜氏发酵管（初发酵管）的小倒管内是否有气泡产生，产气者进行复发酵实验（验证实验），如未产气则继续培养至48h±2h	—

配图	操作步骤	操作说明
	（3）取回初发酵结果并观察，确定有几支初发酵管内的小倒管中有气泡产生，产气者进行复发酵实验；未产气者为大肠菌群阴性	—

6. 复发酵实验（大肠菌群MPN计数法）

配图	操作步骤	操作说明
	（1）根据对初发酵结果的观察，有几支初发酵管的小倒管中有气泡，则取几支煌绿乳糖胆盐肉汤（BGLB）复发酵管	—
	（2）在有气泡的初发酵管后的相应位置放上复发酵管，用接种环从产气的LST管中分别取一环培养物，移种于煌绿乳糖胆盐肉汤（BGLB）复发酵管中	注意接种环的灼烧、冷却
	（3）将接种好的复发酵管放入恒温培养箱，36℃±1℃培养48h±2h，观察产气情况，产气者，计为大肠菌群阳性	—
	（4）观察复发酵结果，复发酵管的小倒管内有气泡为阳性（+），无气泡为阴性（-）	初发酵管产气者的复发酵结果可能产气，也可能不产气

163

配图	操作步骤	操作说明
	（5）按确证的大肠菌群BGLB阳性管数，检索MPN表，报告每克（或每毫升）样品中大肠菌群的MPN值	MPN表采用检样量为0.1，0.01，0.001g（mL），每个稀释度接种3管

（二）大肠菌群平板计数法

大肠菌群平板计数法的实验前准备、消毒、样品预处理及10倍系列稀释同大肠菌群MPN计数法。

1. 倾注平板计数

配图	操作步骤	操作说明
	（1）选取2～3个适宜的连续稀释度，每个稀释度接种两个无菌培养皿，每皿1mL，同时分别取1mL生理盐水加入两个无菌培养皿作为空白对照	—
	（2）及时将15～20mL恒温至46℃的结晶紫中性红胆盐琼脂（VRBA）倾注于每个培养皿中，小心旋转培养皿，将培养基与样液充分混匀，待琼脂凝固后，再加3～4mL VRBA覆盖平板表层。翻转平板，置于36℃±1℃培养18～24h	VRBA培养基煮沸2min后，将恒温至45～50℃倾注平板，使用前临时（不得超过3h）制备

2. 平板菌落数

配图	操作步骤	操作说明
	选取菌落数在15～150CFU的平板，分别计数平板上出现的典型和可疑大肠菌群菌落	典型菌落为紫红色，菌落周围有红色的胆盐沉淀环，菌落直径为0.5mm或更大

3. 验证实验

配图	操作步骤	操作说明
	（1）从VRBA平板上挑取10个不同类型的典型和可疑菌落，分别移种于BGLB管内，36℃±1℃培养24～48h，观察产气情况，凡BGLB管产气，即可报告为大肠菌群阳性	—
	（2）经最后验证为大肠菌群阳性的匀液稀释比例乘以平板菌落数，再乘以稀释倍数，即为每克（或每毫升）样品中大肠菌群数	若所有稀释度（包括液体样品原液）平板均无菌落生长，则以小于1乘以最低稀释倍数计算

三、大肠菌群计数原始记录（表5-3）

表5-3　大肠菌群检测原始记录表

项目名称		样品编号	
主要仪器设备			
检测依据		环境条件	温度　　℃，相对湿度　　%

主要检测步骤：

	稀释度								
大肠菌群									

续表

检测结果			
备注			
检验人员		校核人员	
检验日期		校核日期	

共　　页

═ 评价反馈 ═

"食品中大肠菌群的检测"考核评价表

学生姓名：＿＿＿＿＿＿＿＿　　　班级：＿＿＿＿＿＿＿＿　　　日期：＿＿＿＿＿＿＿＿

评价方式	考核项目	评价项目	评价要求	不合格	合格	良	优
自我评价（10%）	相关知识	了解大肠菌群及其计数方法	相关知识输出正确（1分）	0	1	—	2
		掌握大肠菌群计数原理	能利用检测原理正确解释实验现象（1分）				
	实验准备	能正确配制实验试剂	正确配制试剂（4分）	0	4	—	8
		能正确准备仪器	仪器准备正确（4分）				
学生互评（20%）	操作技能	能熟练进行食品中大肠菌群计数操作（消毒灭菌、无菌操作、配制培养基、检样、10倍系列稀释、接种、倒培养基、培养、计数、报告）操作规范	实验过程操作规范熟练（15分）	0	5	10	15
		能正确、规范记录结果并进行数据处理	原始数据记录准确、处理数据正确（5分）	0	3	4	5

续表

评价方式	考核项目		评价项目	评价要求	不合格	合格	良	优
教师学业评价（70%）	课前	通用能力	课前预习任务	课前任务完成认真（5分）	0	3	4	5
	课中	专业能力	实际操作能力	正确解读国家标准（5分）	0	3	4	5
				无菌操作规范（5分）	0	3	4	5
				培养基配制规范（5分）	0	3	4	5
				检样操作规范（5分）	0	3	4	5
				10倍系列稀释操作规范（5分）	0	3	4	5
				接种、培养操作规范（5分）	0	3	4	5
				计数方法正确（5分）	0	3	4	5
				结果记录真实，字迹工整，报告规范（5分）	0	3	4	5
		工作素养	发现并解决问题的能力	善于发现并解决实验过程中的问题（5分）	0	5	10	15
			时间管理能力	合理安排时间，严格遵守时间安排（5分）				
			遵守实验室安全规范	（酒精灯使用、无菌操作、废弃物的处理等）符合安全规范操作（5分）				
	课后	技能拓展	饮料中大肠菌群的计数	正确规范完成（10分）	0	5	—	10
总分								

注：①每个评分项目里，如出现安全问题则为0分；
　　②本表与附录《职业素养考核评价表》配合使用。

● 学习心得

■拓展训练

○ 完成饮料中大肠菌群的计数，绘制相关操作流程小报并录制视频。

（提示：利用互联网、国家标准、微课等。）

○ 拓展所学任务，查找线上相关知识，加深相关知识的学习。

（例如，中国大学MOOC https://www.icourse163.org/；智慧职教 https://www.icve.com.cn等。）

巩固反馈

1. 大肠菌群系在一定培养条件下能（　　　　　　　　）的需氧和兼性厌氧革兰氏

（　　　　　　　　）性无芽孢杆菌。

2. 简述大肠菌群的检验原理。

3. 简述大肠菌群计数的测定操作流程。

4. 学生课后总结所学内容，与老师和同学进行交流讨论并完成本任务的教学反馈。

任务3　食品中酵母菌和霉菌的检验

任务描述

酵母菌和霉菌广泛分布于自然界并可作为食品中细菌正常菌相的一部分，长期以来，食品、化学、医药等工业都少不了酵母菌和霉菌。但在某些情况下，酵母菌和霉菌也可造成食品腐败变质，有些霉菌能够合成有毒代谢产物——霉菌毒素。因此酵母菌和霉菌也作为评价食品卫生质量的指示菌。本任务以糕点为例，完成食品中酵母菌和霉菌的检验。依据GB 4789.15—2016《食品安全国家标准　食品微生物学检验　霉菌和酵母菌计数》进行检验。我们将按照如图5-8和图5-9所示内容完成学习任务。

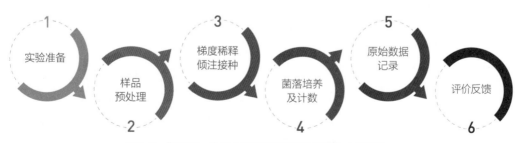

图5-8　"任务3　食品中酵母菌和霉菌的检验"实施环节

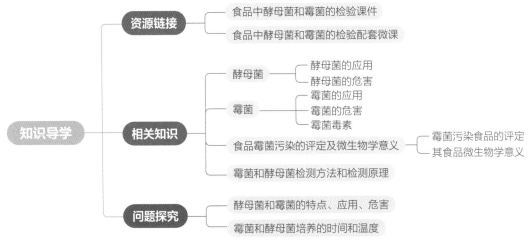

图5-9 "食品中酵母菌和霉菌的检验"知识思维导图

■任务要求

1．能够掌握食品中酵母菌和霉菌的检验流程。

2．能够独立进行食品中酵母菌和霉菌的检验。

3．了解食品中酵母菌和霉菌的测定在食品微生物检验中的意义。

4．学会平板菌落计数的方法并完成报告。

思政园地

温故而知新，可以为师矣。

☞ 知识链接

一、资源链接

通过网络获取GB 4789.15—2016《食品安全国家标准　食品微生物学检验　霉菌和酵母菌计数》及JJG 196—2006《常用玻璃量器检定规程》、GB/T 603—2023《化学试剂　试验方法中所用制剂及制品的制备》、GB/T 8170—2008《数值修约规则与极限数值的表示和制定》等相关资料。

通过手机扫码获取食品中酵母菌和霉菌的检验课及配套微课。

食品中酵母菌和霉菌的检验课件

食品中酵母菌和霉菌的检验配套微课

二、相关知识

酵母菌和霉菌广泛分布于自然环境中，它们有时是食品正常的细菌正常菌相的一部分，有时也作为食品腐败菌侵染食品，造成多种食品的腐败变质。

（一）酵母菌

酵母菌是以出芽繁殖为主的单细胞真菌，通常是单细胞，呈圆形、卵圆形、腊肠形，少数为短杆状，主要分布在含糖质较高的偏酸环境中，如果品、蔬菜、花蜜、植物叶子的表面和果园的土壤中，此外在动物粪便、油田和炼油厂附近的土壤中也能分离到利用烃类的酵母菌，酵母菌大多为腐生型，少数为寄生型。

1. 酵母菌的应用

酵母菌应用很广，它在酿造、食品、医药等行业和工业废水的处理方面都起着重要的作用。酵母菌可用来酿酒、制造美味可口的饮料和营养丰富的食品、生产各种药品、进行有机脱蜡、生产有机酸等。

2. 酵母菌的危害

有少数的酵母菌是有害的，如腐生酵母菌能使食品、纺织品和其他原料腐败变质，如鲁氏接合酵母、蜂蜜酵母等能使蜂蜜果酱变质，有些酵母菌是发酵工业的污染菌，使发酵产品产量降低或产生不良风味，影响产品质量。白假丝酵母菌又称白色念珠菌（图5-10），可引起皮肤、黏膜、呼吸道等多种疾病。新型隐球酵母可引起慢性脑膜炎肺炎。

图5-10　白假丝酵母菌

（二）霉菌

霉菌是丝状真菌的统称，在自然界中分布极广，在土壤、水域、空气、动物体内均有它们的踪迹，霉菌与人类的关系密切，对人类有利也有害。

1. 霉菌的应用

霉菌对人类有利的方面主要是食品工业利用霉菌制酱、制曲；发酵工业则用霉菌来生产酒精、有机酸；医药工业利用霉菌生产抗生素、酶制剂、维生素等；在农业上可以用霉菌发酵饲料生产农药，此外霉菌还可分解自然界中的淀粉、纤维素、木质素、蛋白质等复杂大分子有机物，使之变成葡萄糖等微生物能利用的物质，从而保证了生态系统中物质的不断循环。

2. 霉菌的危害

霉菌对人类有害的方面是使粮食发生霉变，使纤维制品腐烂，据统计，每年因为霉变造成的粮食损失达2%，霉菌能够产生100多种毒素，许多毒素的毒性大，致癌力强，即使食入少量也会对人畜有害（图5-11）。

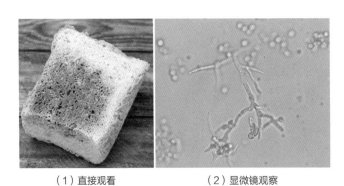

（1）直接观看　　　　　　　　　　　（2）显微镜观察

图5-11　面包发霉

3. 霉菌毒素

（1）黄曲霉毒素　黄曲霉毒素是黄曲霉和寄生曲霉的代谢产物，黄曲霉毒素主要有B_1、B_2、G_1、G_2四种，以及两种代谢产物M_1、M_2。在天然污染的食品中，以黄曲霉毒素B_1最为多见，其毒性和致癌性也很强。寄生曲霉的所有菌株都能产生黄曲霉毒素，但在我国寄生曲霉较为罕见。黄曲霉是我国粮食和饲料中常见的真菌，由于黄曲霉毒素的致癌性强，而受到重视，但并非所有的黄曲霉都是产毒菌株，即使是产毒菌株也必须在适合产毒的条件下才能产毒。

黄曲霉毒素污染可发生在多种食品上（图5-12），如粮食、油料、水果、干果、调味品、乳和乳制品、蔬菜、肉类等，其中以玉米，花生和棉籽的棉籽油中最易受到污染。还有稻谷、小麦、大麦、豆类、花生和玉米等谷物是黄曲霉毒素菌株适宜生长并产生黄曲霉毒素的基质。

（1）发霉的玉米　　　　　　　　（2）发霉的花生　　　　　　　　（3）黄曲霉菌

图5-12　黄曲霉毒素污染

黄曲霉毒素B₁的毒性要比呕吐毒素的毒性强30倍，比玉米赤霉烯酮的毒性强20倍。黄曲霉毒素B₁的急性毒性是氰化钾的10倍，砒霜的68倍；慢性毒性可以诱发癌症，致癌能力为二甲基亚硝胺的75倍，比二甲基偶氮苯本高900倍，人的原发性肝癌有可能与黄曲霉毒素有关。

（2）黄变米毒素　黄变米（图5-13）是20世纪40年代日本在大米中发现的，这种米由于被真菌污染而呈黄色，故称黄变米，可以导致大米黄变的真菌主要是青霉属中的一些种，黄变米毒素可分为三大类：黄绿青霉素，橘青霉素，岛青霉素。

图5-13　黄变米

（三）食品霉菌污染的评定及微生物学意义

1. 霉菌污染食品的评定

我国制定了不同食品中霉菌菌落总数的限量标准，如GB 7099—2015《食品安全国家标准　糕点、面包》中规定糕点中霉菌检出量≤150CFU/g。

2. 其食品微生物学意义

（1）霉菌引起食品霉变，霉变污染引起食物变质　霉菌污染食品，按变质程度的不同，可使食品的食用价值降低，甚至不能食用。据粗略估计，全球每年平均有2%的粮食因霉变不能食用。

（2）霉菌毒素引起人类急、慢性中毒和致癌　霉菌毒素大多通过被霉菌污染的粮食、油料作物以及发酵食品引起中毒，而且霉菌毒素中毒往往表现出比较明显的地方性和季节性，临床表现较为复杂，有急性中毒、慢性中毒以及致癌、致畸、致突变等。

（四）霉菌和酵母菌检测方法和检测原理

霉菌和酵母菌检验在食品卫生学上具有重要的意义，可作为判定食品被污染程度的标志，为被检样品进行卫生学评价提供依据。GB 4789.15—2016《食品安全国家标准　食品微生物学检验　霉菌和酵母菌计数》中详细说明了霉菌和酵母菌的检验方法，具体检验程序如图5-14所示。

霉菌和酵母菌的测定是指食品检样经过处理，在一定条件下培养后，所得1g或1mL检样中所含的霉菌和酵母菌菌落数（粮食样品是指1g粮食表面的霉菌总数）。霉菌和酵母菌检验操作步骤与细菌菌落总数的测定相似，均采用平板计数法。

平板计数法原理：霉菌和酵母菌生长缓慢且竞争能力不强，食品中的霉菌、酵母菌在葡萄糖、蛋白胨营养丰富的条件下能良好生长，孟加拉红作为选择性抑菌剂可抑制细菌的生长，并可减缓某些霉菌因生长过快而导致菌落蔓延生长，同时菌落着红色有利于计数，能够较好地将两种微生物进行分离。

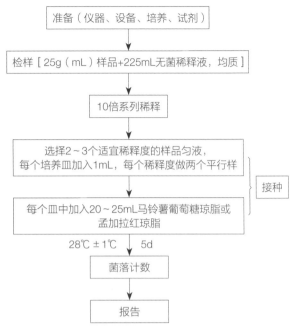

图5-14 霉菌和酵母平板计数法的检验程序示意图

三、问题探究

1. 酵母菌和霉菌的特点、应用、危害都有哪些？

（1）酵母菌 酵母菌是以出芽繁殖为主的单细胞真菌，通常是单细胞，呈圆形、卵圆形、腊肠形，少数为短杆状。酵母菌应用于食品、医药等行业和在工业废水的处理方面。酵母菌可用来酿酒、制造美味可口的饮料和营养丰富的食品、生产各种药品、进行有机脱蜡、生产有机酸等。酵母菌的危害：腐生酵母能使食品、纺织品和其他原料腐败变质，白假丝酵母菌可引起皮肤、黏膜、呼吸道等的多种疾病。

（2）霉菌 霉菌是丝状真菌的统称。食品工业利用霉菌制酱、制曲；发酵工业则用霉菌来生产酒精、有机酸；医药工业利用霉菌生产抗生素、酶制剂、维生素等；在农业上可以用霉菌发酵饲料生产农药。霉菌对人类有害的方面是使食品粮食发生霉变，使纤维制品腐烂，并且有些霉菌会产生霉菌毒素。

2. 霉菌、酵母菌培养时间和温度为多少？

霉菌、酵母菌培养温度：$28℃ ± 1℃$，培养时间：5d。

四、完成预习任务

1. 阅读学习相关资源，归纳霉菌和酵母菌的相关知识。

2. 绘制操作流程小报并初拟实验方案。

3. 完成老师发布的预习小测验等相关预习任务，手机扫码完成课前测试。

食品中酵母菌
和霉菌的检验
课前测试

 任务实施

> 🔔 **提示**
>
> 在整个任务实施过程中应严格遵守实验室用水、用电安全操作指南及实验室各项规章制度和玻璃器皿的安全使用规范。

一、实验准备

1. 仪器、材料

配图	仪器和材料	操作说明
	拍击式均质器	—
	电子天平（感量为0.01g）	同项目二任务1中电子天平的操作说明
	恒温培养箱	温度设定为：28℃±1℃
	恒温水浴锅	可用于培养基的保温，温度设定为：46℃±1℃
	鼓风干燥箱	（1）干燥箱外壳必须良好、有效接地，以保证安全； （2）干燥箱在工作时，必须将风机开关打开，使其运转，否则箱内温度和测量温度误差很大，容易使电机或传感器烧坏

配图	仪器和材料	操作说明
	高压蒸汽灭菌锅	—
	（1）无菌锥形瓶：容量250mL、500mL； （2）无菌吸量管：1mL（具有0.01mL刻度）、10mL（具有0.1mL刻度）； （3）无菌培养皿：90mm； （4）无菌试管：10mm×75mm； （5）无菌生理盐水罐：225mL； （6）均质袋； （7）试管架； （8）其他：酒精棉、镊子、剪刀、油性笔等	洗涤玻璃仪器应符合要求，否则对分析结果的准确度和精确度均有影响
	酒精灯、火柴	同项目二任务1中酒精灯的操作说明
	样品	样品为市售糕点

2. 培养基、试剂

配图	培养基和试剂	说明
	马铃薯葡萄糖琼脂培养基；孟加拉红琼脂培养基	培养基按标签要求说明配制，使用前需要121℃高压灭菌15min
	0.85%的生理盐水	配制适量生理盐水，需经高压蒸汽灭菌之后再进行使用

配图	培养基和试剂	说明
	75%酒精	（1）将75%酒精溶液放入装有酒精棉的酒精罐中； （2）操作台面、手、样品等需用酒精消毒

二、实施操作

1. 样品预处理

配图	操作步骤	操作说明
	（1）消毒	同项目一任务2的消毒步骤
	（2）标记： 试管上标注稀释倍数、空白；培养皿上标注样品名称、稀释倍数、操作时间、操作人以及空白	在培养皿外圈标注，要标注清晰，不要过大，以免影响之后菌落查看和计数
	（3）样品处理： 称取25g样品至盛有225mL0.85%灭菌生理盐水的均质袋中，用拍击式拍打器拍打2min，制成1∶10的样品匀液	打开均质袋，放在天平上，等显示屏上的数字稳定后，按"去皮"键，当显示屏上的数字显示为"0"时，可开始称量

2．10倍系列稀释

配图	操作步骤	操作说明
	（1）用1mL无菌吸量管或微量移液器吸取1：10样品匀液1mL，沿管壁缓缓注入含有9mL生理盐水的无菌试管中	样品采集及稀释的操作均在无菌环境下进行，吸量管或者吸量管尖端不要触碰瓶口外侧及瓶壁外侧，这些部位都有可能触碰过手或其他物品，注意吸量管或吸量管尖端也不要触及稀释液液面
	（2）振摇试管或换用1支1mL无菌吸量管反复吹打，使其混合均匀，制成1：100的样品匀液	振摇试管和反复吹吸是为了将稀释液充分混合，避免由于混合不均匀而引起检验结果的误差
	（3）按照上述方法，以此类推，连续稀释，依次制成10倍系列样品稀释溶液	空白试管中仅有9mL 0.85%生理盐水，不加样品

3．接种

配图	操作步骤	操作说明
	（1）根据对样品污染状况的估计，包括样品原液，选择2~3个适宜稀释度的样品匀液	如果是液体样品，样品原液可以作为一个稀释浓度，直接加入培养皿中

配图	操作步骤	操作说明
	（2）在进行10倍递增稀释的同时，每个稀释度分别吸取1mL样品匀液于2个无菌培养皿内	（1）操作时应在无菌条件下进行； （2）一个稀释度接种两个培养皿，作为平行样品
	（3）倒培养基将15～20mL 46℃左右孟加拉红培养基倒入培养皿，混匀	—
	（4）将培养皿平放于桌面，紧贴桌面转动培养皿，使其混合均匀	将培养皿先前后左右摇动，再按顺势针和逆时针方向旋转，使培养基与样品匀液充分混合，转动培养皿的速度不要太快，避免培养基溢出，影响检验结果

4. 菌落培养

配图	操作步骤	操作说明
	待培养基琼脂凝固后，倒置放入培养箱，28℃±1℃，培养5d	（1）培养皿内琼脂凝固后，在数分钟内即将培养皿翻转，进行培养，这样可避免菌落蔓延生长； （2）将培养皿倒置是为了避免培养皿中水蒸气凝结为水滴而滴入培养基，影响微生物培养结果

5. 菌落计数

配图	操作步骤	操作说明
	（1）用肉眼观察，必要时可用放大镜，记录各稀释倍数和相应的霉菌和酵母菌菌落数，以菌落形成单位（CFU）表示	（1）酵母菌由于细胞较大且不能运动，一般菌落比细菌大、厚且透明度差，产生色素较单一，通常为乳白色，少数为橙红色，个别为黑色； （2）霉菌菌落形态较大，质地疏松，外观干燥，不透明，呈现蛛网状、绒毛状、棉絮状或毡状，菌落与培养基间联系紧密，不易挑起，菌落正面与反面、边缘与中心的颜色和构造常不一致
	（2）选取菌落数在10～150CFU的平板，根据菌落形态分别计霉菌菌落数和酵母菌菌落数； （3）所记菌落数应采用两个有效平板的菌落数的平均值	（1）霉菌蔓延生长覆盖整个平板的可记录为多不可计； （2）如果空白对照组有菌落生长，此次检测结果无效

三、记录原始数据（表5-4）

表5-4　食品中酵母菌/霉菌的检测原始数据记录表

项目名称			检验日期		检验员			
环境条件	温度　　　　　　℃ 相对湿度　　　　%		主要仪器设备		培养时间			
样品编号	执行标准	标准要求	实验数据				结果	结论
			稀释度			空白		
			10	10	10			

续表

主要检测步骤				
校核人员		校核日期		备注	

报告说明:

①菌落数按"四舍五入"原则修约,菌落数在10以内时,采用一位有效数字报告;菌落数在10~100时,采用两位有效数字报告;

②菌落数大于或等于100时,前第3位数字采用"四舍五入"原则修约后,取前2位数字,后面用0代替位数来表示结果;也可用10的指数形式来表示,此时也按"四舍五入"原则修约,采用两位有效数字;

③若空白对照平板上有菌落出现,则此次检测结果无效;

④称重取样以CFU/g为单位报告,体积取样以CFU/mL为单位报告,可分别报告霉菌和酵母数。

═ 评价反馈 ═

"食品中霉菌和酵母菌的检验"考核评价表

学生姓名:＿＿＿＿＿＿＿＿＿　　　班级:＿＿＿＿＿＿＿＿　　　　日期:＿＿＿＿＿＿＿＿

评价方式	考核项目		评价项目	评价要求	不合格	合格	良	优
自我评价(10%)	相关知识		了解霉菌和酵母的相关知识和检验意义	相关知识输出正确(2分)	0	1	2	3
			掌握食品中霉菌和酵母菌检验原理	能利用检测原理正确解释实验现象(1分)				
	实验准备		能正确配制实验试剂	正确配制试剂(3分)	0	4	6	7
			能正确准备仪器	仪器准备正确(4分)				
学生互评(20%)	操作技能		能熟练掌握食品中霉菌和酵母菌检验(样品前处理、样品稀释、接种和培养等)操作规范	实验过程操作规范熟练(15分)	0	5	10	15
			能正确、规范记录结果并进行数据处理	原始数据记录准确、处理数据正确(5分)	0	3	4	5
教师学业评价(70%)	课前	通用能力	课前预习任务	课前任务完成认真(5分)	0	3	4	5
	课中	专业能力	实际操作能力	正确解读国家标准(5分)	0	3	4	5
				无菌操作规范(5分)	0	3	4	5

续表

评价方式	考核项目		评价项目	评价要求	不合格	合格	良	优
教师学业评价（70%）	课中	专业能力	实际操作能力	培养基配制规范（5分）	0	3	4	5
				检样操作规范（5分）	0	3	4	5
				10倍系列稀释操作规范（5分）	0	3	4	5
				能按照操作规范进行倾倒培养基，接种等操作，并且动作正确、流畅，培养基无破损（10分）	0	6	8	10
				正确进行培养箱温度、时间设置（5分）	0	3	4	5
				结果记录真实，字迹工整，报告规范（10分）	0	6	8	10
		工作素养	发现并解决问题的能力	善于发现并解决实验过程中的问题（5分）	0	5	10	15
			时间管理能力	合理安排时间，严格遵守时间安排（5分）				
			遵守实验室安全规范	（样品前处理、样品稀释、接种和培养等）符合安全规范操作（5分）				
	课后	技能拓展	饮料中霉菌和酵母菌的检验	正确规范完成（10分）	0	5	—	10
总分								

注：①每个评分项目里，如出现安全问题则为0分；
②本表与附录《职业素养考核评价表》配合使用。

● 学习心得

● 拓展训练

- ○ 完成饮料中霉菌和酵母菌的检验，绘制相关操作流程小报并录制视频。

  （提示：利用互联网、国家标准、微课等。）

- ○ 拓展所学任务，查找线上相关知识，加深相关知识的学习。

  （例如，中国大学MOOC https://www.icourse163.org/；智慧职教 https://www.icve.com.cn等。）

巩固反馈

1. 霉菌和酵母菌的测定是指食品检样经过处理，在一定条件下培养后，所得_____g或_____mL检样中所含的_____和_____菌落数（粮食样品是指_____g粮食表面的霉菌总数）。霉菌和酵母菌检验操作步骤与细菌菌落总数的测定相似，均采用_____法。

2. 霉菌污染食品的评定包括_____和_____两方面。主要的霉菌毒素包括_____、黄变米毒素等，其中黄曲霉毒素_____最为多见，其毒性和致癌性也最强，甚至会造成"_____作用"。

3. 霉菌和酵母菌菌落总数检测的原理是什么？

4. 简述霉菌和酵母菌检测步骤。

5. 学生课后总结所学内容，与老师和同学进行交流讨论并完成本任务的教学反馈。

任务 4　食品中乳酸菌的检验

学习目标

知识 目标	1. 了解乳酸菌检验在乳制品加工生产中的意义。 2. 掌握乳酸菌的定义及检验原理。 3. 掌握食品中乳酸菌的检验流程。
技能 目标	1. 能正确查找相关资料获取乳酸菌检验方法。 2. 能够独立进行食品中乳酸菌的检验。 3. 能记录乳酸菌检验的结果并完成报告。
素养 目标	1. 能严格遵守实验现场7S管理规范。 2. 能正确表达自我意见，并与他人良好沟通。 3. 践行社会主义核心价值观，形成求实的科学态度、严谨的工作作风，领会工匠精神，不断增强团队合作精神和集体荣誉感。

● 任务描述

　　乳酸菌是国际上公认的有益菌种，大量研究资料表明，乳酸菌能调节胃肠道正常菌群，维持微生态平衡，从而改善胃肠道功能。酸乳质量判定的一个重要指标就是其中活性乳酸菌的含量和种类，本任务将以凝固型酸乳为例，完成相关乳酸菌检验。我们将按照如图5-15和图5-16所示内容完成学习任务。

图5-15　"任务4　食品中乳酸菌的检验"实施环节

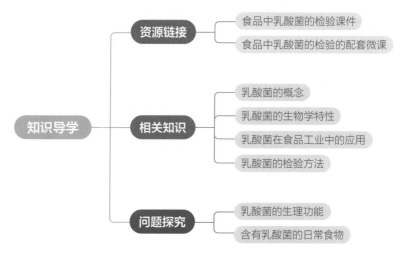

图5-16　"食品中乳酸菌的检验"知识思维导图

●任务要求

1．独立完成酸乳中乳酸菌的检测任务。
2．学会乳酸菌的检测方法并完成报告。

> 思政园地
>
> 　锲而舍之，朽木不折；锲而不舍，金石可镂。

知识链接

一、资源链接

通过网络获取GB 4789.35—2023《食品安全国家标准　食品微生物学检验　乳酸菌检验》及JJG 196—2006《常用玻璃量器检定规程》、GB/T 602—2002《化学试剂　杂质测定用标准溶液的制备》、GB/T 603—2023《化学试剂　试验方法中所用制剂及制品的制备》、GB/T 8170—2008《数值修约规则与极限数值的表示和判定》等相关资料。

通过手机扫码获取食品中乳酸菌的检验课件及配套微课。

食品中乳酸菌
的检验课件

食品中乳酸菌
的检验配套
微课

二、相关知识

（一）乳酸菌的概念

乳酸菌是一类可发酵糖且主要产生大量乳酸的细菌的通称，这类细菌在自然界分布极为广泛，具有丰富的物种多样性，不能液化明胶、不产生吲哚、革兰阳性、无运动、无芽孢、触酶阴性、硝酸还原酶阴性及细胞色素氧化酶阴性反应的细菌。

（二）乳酸菌的生物学特性

乳酸菌为革兰氏阳性无芽孢细菌，从形态上可分为杆菌或球菌。乳杆菌细胞形态多样，一般呈细长的杆状，大小为（0.5~1）μm×（2~10）μm，常呈链状排列，是微需氧菌。应用较为广泛的乳杆菌包括保加利亚乳杆菌、干酪乳杆菌及嗜酸乳杆菌等。链球菌的菌体为卵圆形，呈短链或长链状排列，是兼性厌氧菌，代表菌是嗜热链球菌。双歧杆菌的菌体是形态很不一致的杆菌，呈短杆状、纤细杆状或球形，为不抗酸，无芽孢，无动力的专性厌氧菌。片球菌的细胞呈球形，成对或四联状排列，无芽孢，不运动，无细胞色素。

（三）乳酸菌在食品工业中的应用

乳酸菌在工业、农牧业、食品和医药等与人类生活密切相关的重要领域具有极高的应用价值，如发酵乳制品加工行业、果蔬及谷物制品加工行业及调味品生产行业等。人们日常饮用的酸乳是利用乳酸菌发酵牛乳、羊乳等动物乳类制成的发酵乳制品。制作酸乳的乳酸菌包括保加利亚乳杆菌、嗜热链球菌、双歧杆菌等。乳酸菌除用于制作酸乳外，还可用于制作乳酪、啤酒、葡萄酒、泡菜、腌渍食品和其他发酵食品。

（四）乳酸菌的检验方法

乳酸菌检验越来越被人们所重视，检验方法有中华人民共和国国家标准（GB）、出入境检验检疫行业标准（SN）等多种方法，其中《食品安全国家标准　食品微生物学检验　乳酸菌检验》（GB 4789.35—2016）在国内应用最为广泛。该标准中乳酸菌主要为乳杆菌属（*Lactobacillus*）、双歧杆菌属（*Bifidobacterium*）和嗜热链球菌属（*Streptococcus*），具体检验操作程序如图5-17所示。

三、问题探究

1. 乳酸菌有哪些生理功能？

乳酸菌可促进蛋白质、单糖等营养物质吸收，维持肠道菌群平衡，抑制肠道内腐败菌的繁殖，增强人体免疫力。

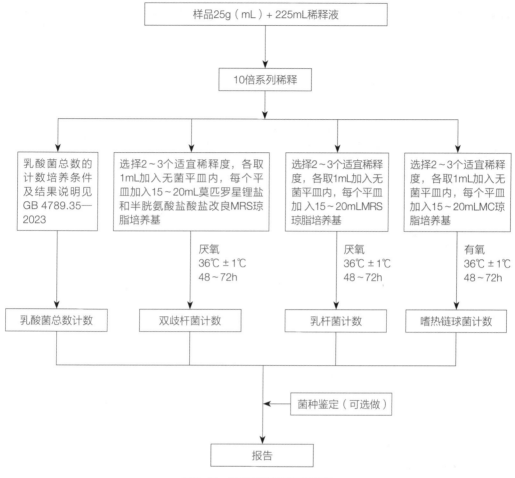

图5-17　乳酸菌检验程序示意图

2. 哪些日常食物中含有乳酸菌？

乳制品中常包含乳酸菌，如酸乳、乳酸菌饮料等，还有酸菜、泡菜、醋、醋酸饮料等都含有乳酸菌。

四、完成预习任务

1. 阅读学习相关资源，归纳食品中乳酸菌检测的相关知识。

2. 绘制操作流程小报并初拟实验方案。

3. 完成老师发布的预习小测验等相关预习任务，手机扫码完成课前测试。

食品中乳酸菌的检验课前测试

任务实施

提示

在整个任务实施过程中应严格遵守实验室用水、用电安全操作指南及实验室各项规章制度和玻璃器皿的安全使用规范。

一、实验准备

配图	仪器用具与样品	操作说明
	电热干燥箱	同项目二任务1中电热干燥箱的操作说明
	电子天平（感量为0.01g）	同项目二任务1中电子天平的操作说明
	恒温培养箱	设定温度为：36℃±1℃
	恒温水浴锅	设定温度为：46℃±1℃
	拍击式均质器	—

配图	仪器用具与样品	操作说明
	（1）酒精灯、试管、试管架、剪刀、灭菌镊子、无菌均质袋； （2）无菌吸量管：1mL（具有0.01mL刻度）或微量移液器及吸头； （3）无菌锥形瓶：容量为250mL； （4）无菌培养皿：直径为90mm； （5）75%酒精，生理盐水等	需灭菌物品请在检验开始前按要求进行灭菌
	厌氧培养装置： 厌氧培养箱、厌氧罐、厌氧袋或能提供同等厌氧效果的装置	—
	市售酸乳	本任务选用市售的酸乳为实验样品

二、实施操作

1. 实验前准备

配图	试剂配制	操作说明
	培养基： MRS培养基，按说明书要求配制	（1）操作过程中做好自身防护防止烫伤； （2）配制的量需根据实际样品的量计算
	稀释液： 称取8.5g氯化钠和15g胰蛋白胨加入1000mL蒸馏水中，加热溶解，分装后121℃高压灭菌15min	（1）在试管中加入稀释液9mL，并在高压蒸汽灭菌锅中灭菌； （2）在生理盐水罐中加入225mL稀释液，并在高压蒸汽灭菌锅中灭菌

2. 消毒（同项目一任务2中的消毒步骤）

3. 样品制备

配图	操作步骤	操作说明
	（1）以无菌操作称取25g样品置于装有225mL稀释液的无菌均质杯内，或置于225mL稀释液的无菌均质袋中	（1）样品的全部制备过程均应遵循无菌操作程序； （2）稀释液在实验前应在36℃±1℃条件下充分预热 15～30 min； （3）天平读数接近25g时，应缓慢加入预处理样品，避免添加过量
	（2）用拍击式均质器拍打1～2min，制成1：10的样品匀液	（1）均质前一定要将均质袋中的空气排净，以免影响拍打效果； （2）均质前要将均质袋放在均质器的中央，以保证拍打均匀； （3）均质袋口应折叠两次，避免均质时均质液从袋口溢出

4. 10倍系列稀释液的制备

配图	操作步骤	操作说明
	（1）用1mL无菌吸量管或微量移液器吸取1：10样品匀液1mL，沿管壁缓慢注入装有9mL生理盐水的无菌试管中	吸量管或吸量管尖端不要触及稀释液
	（2）振摇试管或换用一支无菌吸量管反复吹吸使其混合均匀，制成1：100的样品匀液	每递增稀释一次，换用一支1mL无菌吸量管
	（3）按上述操作程序，以此类推，连续稀释，制备10倍系列稀释样品匀液	更换吸量管，避免干扰检测数据

5. 样品接种

配图	操作步骤	操作说明
	以乳杆菌计数为例： （1）根据待检样品活菌总数的估计，选择2~3个连续的适宜稀释度，每个稀释度取1mL样品匀液于灭菌平皿内，每个稀释度做两个平皿，稀释液移入平皿后，将冷却至48~50℃的MRS琼脂培养基倾注入平皿15~20mL，转动平皿使二者混合均匀	从样品稀释到平板倾注要求在15min内完成
	（2）取一块MRS琼脂平板做培养基的空白对照	MRS琼脂空白平板要与样品一起培养

6. 菌落培养

配图	操作步骤	操作说明
	培养基凝固后倒置于36℃±1℃厌氧培养，根据乳酸菌生长特性，一般选择培养48h，若菌落无生长或生长较小可选择培养至72h	厌氧罐中放入MRS琼脂平板后，将厌氧产气袋和氧气指示剂放入，立刻盖上盖子

7. 菌落计数

配图	操作步骤	操作说明
	同菌落总数测定（项目五任务1）	用肉眼、放大镜或菌落计数器进行计数

三、乳酸菌检测的数据记录（表5-5）

表5-5　乳酸菌检测原始数据记录表

检验依据：　　　　　　　　　检验时间：　　　　　　　　检验员：

样品号		乳酸菌总数 （__℃__h）			双歧杆菌计数 （__℃__h）			嗜热链球菌计数 （__℃__h）			乳杆菌计数 （__℃__h）		
	稀释度 （根据实验 情况填写 稀释度）	10	10	10	10	10	10	10	10	10	10	10	10
	菌落数												
	结果												
空白（培养基）													
空白（稀释液）													

报告说明：
①原始数据记录表中包括了乳酸菌总数、嗜热链球菌计数、双歧杆菌计数和乳酸杆菌计数，可以根据需要进行选择填写，不需要填写的空格可以用"／"表示；
②其余同菌落总数测定（项目五任务1）。

═ 评价反馈 ═

"食品中乳酸菌的检验"考核评价表

学生姓名：＿＿＿＿＿＿＿＿　　　班级：＿＿＿＿＿＿＿＿　　　日期：＿＿＿＿＿＿＿＿

评价方式	考核项目		评价项目	评价要求	不合格	合格	良	优
自我评价（10%）	相关知识		了解乳酸菌的性质及功能	相关知识输出正确（1分）	0	1	—	2
			掌握乳酸菌的检验原理	能利用检测原理正确解释实验现象（1分）				
	实验准备		能正确配制实验试剂	正确配制试剂（4分）	0	4	—	8
			能正确准备仪器	仪器准备正确（4分）				
学生互评（20%）	操作技能		能熟练进行食品中乳酸菌检验操作（消毒灭菌、无菌操作、配制培养基、10倍系列稀释、接种、倒培养基、培养、计数、报告等）且操作规范	实验过程操作规范熟练（15分）	0	5	10	15
			能正确、规范记录结果并进行数据处理	原始数据记录准确、处理数据正确（5分）	0	3	4	5
教师学业评价（70%）	课前	通用能力	课前预习任务	课前任务完成认真（5分）	0	3	4	5
	课中	专业能力	实际操作能力	正确解读国家标准（5分）	0	3	4	5
				无菌操作规范（5分）	0	3	4	5
				培养基配制规范（5分）	0	3	4	5
				检样操作规范（5分）	0	3	4	5
				10倍系列稀释操作规范（5分）	0	3	4	5
				接种、培养操作规范（5分）	0	3	4	5
				计数方法正确（5分）	0	3	4	5
				结果记录真实，字迹工整，报告规范（5分）	0	3	4	5
		工作素养	发现并解决问题的能力	善于发现并解决实验过程中的问题（5分）	0	5	10	15
			时间管理能力	合理安排时间，严格遵守时间安排（5分）				
		工作素养	遵守实验室安全规范	（酒精灯使用、无菌操作、废弃物的处理等）符合安全规范操作（5分）				

续表

评价方式	考核项目		评价项目	评价要求	不合格	合格	良	优
教师学业评价（70%）	课后	技能拓展	乳饮料中乳酸菌的测定	正确规范完成（10分）	0	5	—	10
总分								

注：①每个评分项目里，如出现安全问题则为0分；
　　②本表与附录《职业素养考核评价表》配合使用。

●学习心得

●拓展训练

○ 完成乳饮料中乳酸菌的测定，绘制相关操作流程小报并录制视频。

（提示：利用互联网、国家标准、微课等。）

○ 拓展所学任务，查找线上相关知识，加深相关知识的学习。

（例如，中国大学MOOC https://www.icourse163.org/；智慧职教 https://www.icve.com.cn等。）

巩固反馈

1. 乳酸菌应进行需氧培养吗？需要怎样的培养环境？

2. 简述乳酸菌的检验原理。

3. 简述乳酸菌的测定操作流程。

4. 学生课后总结所学内容，与老师和同学进行交流讨论并完成本任务的教学反馈。

任务5 食品中金黄色葡萄球菌的检验

学习目标

知识 目标	1. 了解金黄色葡萄球菌的特征及致病性。 2. 掌握食品中金黄色葡萄球菌的检验原理。 3. 掌握食品中金黄色葡萄球菌的检验流程。
技能 目标	1. 能正确查找相关资料获取食品中金黄色葡萄球菌的检验方法。 2. 能够独立进行食品中金黄色葡萄球菌的检验。 3. 能正确判定染色镜检和血浆凝固酶实验的结果并完成报告。
素养 目标	1. 能严格遵守实验现场7S管理规范。 2. 能正确表达自我意见，并与他人良好沟通。 3. 践行社会主义核心价值观，形成求实的科学态度、严谨的工作作风，领会工匠精神，不断增强团队合作精神和集体荣誉感。

● 任务描述

　　金黄色葡萄球菌是常见的致病菌，属于葡萄球菌属，可引起许多严重感染，还能产生肠毒素，如果在食品中大量生长繁殖并产生毒素，可引起食物中毒。因此，食品中存在金黄色葡萄球菌对人的健康是一种潜在的危险。本任务以火腿肠为例，完成金黄色葡萄球菌的检验。依据GB 4789.10—2016《食品安全国家标准　食品微生物学检验　金黄色葡萄球菌检验》中第一法定性方法进行检验。我们将按照如图5-18和图5-19所示内容完成学习任务。

图5-18 "任务5 食品中金黄色葡萄球菌的检验"实施环节

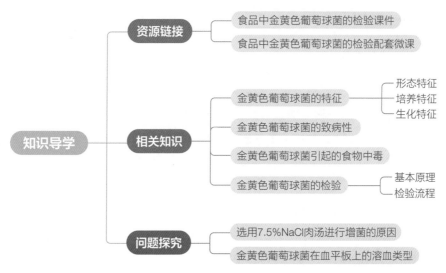

图5-19　"食品中金黄色葡萄球菌的检验"知识思维导图

■任务要求

1. 独立完成食品中金黄色葡萄球菌的检验任务。
2. 学会金黄色葡萄球菌的鉴定和结果判定。

思政园地

　科学是实事求是的学问，来不得半点虚假。

☒ 知识链接

一、资源链接

　　通过网络获取GB 4789.10—2016《食品安全国家标准　食品微生物学检验　金黄色葡萄球菌检验》及GB/T 27405—2008《实验室质量控制规范　食品微生物检测》、JJG 196—2006《常用玻璃量器检定规程》、GB/T 603—2023《化学试剂　试验方法中所用制剂及制品的制备》、GB/T 8170—2008《数值修约规则与极限数值的表示和判定》等相关资料。

　　通过手机扫码获取食品中金黄色葡萄球菌的检验课件及配套微课。

食品中金黄色葡萄球菌的检验课件

食品中金黄色葡萄球菌的检验配套微课

二、相关知识

（一）金黄色葡萄球菌的特征

1. 形态特征

金黄色葡萄球菌为革兰氏阳性球菌，直径为0.5～1.0μm，镜检时呈单个、成对、四联或不规则的簇群，如串状葡萄，故称葡萄球菌。金黄色葡萄球菌无芽孢，无鞭毛，大多数无糖被。

2. 培养特征

金黄色葡萄球菌对营养要求不高，在普通培养基上生长良好，菌落呈圆形凸起、湿润光滑、厚而有光泽，需氧或兼性厌氧，最适生长温度37℃，最适生长pH7.4。金黄色葡萄球菌有高度的耐盐性，可在10%～15%NaCl肉汤中生长。血平板菌落周围形成透明的溶血环。大多数菌株产生类胡萝卜素，使细胞团呈现出深橙色到浅黄色，色素的产生取决于其生长的条件。

3. 生化特征

金黄色葡萄球菌可分解葡萄糖、麦芽糖、乳糖、蔗糖，产酸不产气，甲基红反应呈阳性，伏-普实验（VP反应）呈弱阳性，许多菌株可分解精氨酸，水解尿素，还原硝酸盐，液化明胶。金黄色葡萄球菌具有较强的抵抗力，对磺胺类药物敏感性低，但对青霉素、红霉素等高度敏感。

（二）金黄色葡萄球菌的致病性

金黄色葡萄球菌是人类化脓感染时最常见的病原菌，可引起局部化脓感染，也可引起肺炎、伪膜性肠炎、心包炎等，甚至败血症、脓毒症等全身感染。该菌能产生多种毒素和酶，故致病性极强。致病菌株产生的毒素和酶，主要有溶血毒素、杀白细胞素、肠毒素、血浆凝固酶、溶纤维蛋白酶、透明质酸酶、脱氧核糖核酸酶等。

（三）金黄色葡萄球菌引起的食物中毒

金黄色葡萄球菌能引起食物中毒，主要原因为其能产生肠毒素。金黄色葡萄球菌肠毒素主要是由血浆凝固酶或耐热酸酶阳性菌株所产生的一类结构相关、毒力相似、抗原性不同的胞外蛋白质。肠毒素的形成与食品污染程度、食品存入温度、食品种类和性质密切相关。一般来说，食品污染越严重，细菌繁殖就越快，越易形成肠毒素，且温度越高，产生肠毒素的时间越短。含蛋白质丰富、含水分较多，同时含一定淀粉的食品受葡萄球菌污染后，易含有肠毒素。引起金黄色葡萄球菌食物中毒的食物主要有金黄色葡萄球菌含量超标的肉、乳、鱼、蛋类及其制品、淀粉类食品和剩米饭等。

（四）金黄色葡萄球菌的检验

目前，我国食品中金黄色葡萄球菌的检测以GB 4789.10—2016《食品安全国家标准　食品微生物学检验　金黄色葡萄球菌检验》为依据，分为定性检验和定量检验两部分，其中定量检验包括平板计数法和MPN法。定性检测是将样品接种培养后观察其生长特征，并通过镜检和血浆凝固酶实验鉴定。定量检测是将样品接种培养后进行鉴定及典型菌落计数。平板计数法适用于金黄色葡萄球菌含量较高的食品中金黄色葡萄球菌的计数，而MPN法适用于金黄色葡萄球菌含量较低的食品中金黄色葡萄球菌的计数。本任务重点学习定性检验法。

1. 基本原理

金黄色葡萄球菌耐盐性强，在100～150g/L的氯化钠培养基中能生长，适宜生长的盐浓度为5%～7%，可以利用这个特性对金黄色葡萄球菌进行选择性增菌，抑制杂菌生长。

金黄色葡萄球菌可产生溶血素，在血平板上生长，菌落周围有透明的溶血环，可产生卵磷脂酶，分解卵磷脂，产生甘油酯和可溶性磷酸胆碱，所以在Baird-Parker平板上生长，菌落为黑色，周围为一浑浊带，在其外层有一透明圈，利用此特性可以分离金黄色葡萄球菌。金黄色葡萄球菌还可以产生血浆凝固酶，它可使血浆中血浆蛋白酶原变成血浆蛋白酶，使血浆凝固，这是鉴定致病性金黄色葡萄球菌的重要指标。

2. 检验流程

金黄色葡萄球菌定性检验程序见图5-20。

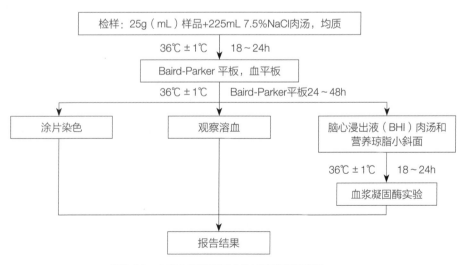

图5-20　金黄色葡萄球菌定性检验程序示意图

三、问题探究

1. 为何选用7.5%NaCl肉汤进行增菌?

7.5%NaCl肉汤成分含有蛋白胨、牛肉膏、氯化钠和蒸馏水。蛋白胨、牛肉膏在培养基中作为基础营养物质,为细菌生长提供所需的氮源、碳源及其他的营养元素;高浓度的NaCl起选择性作用,由于金黄色葡萄球菌具有耐盐性,能在此增菌液中生长,而大多数的细菌在该培养基上的生长会受到抑制。

2. 金黄色葡萄球菌在血平板上的溶血为哪种类型?

根据细菌对红细胞的溶解能力可以分为三种溶血类型。

(1)α溶血 产生溶血素,不完全溶血,在血琼脂培养皿上菌落周围有1~2mm较窄半透明的草绿色溶血环。

(2)β溶血 完全性溶血,在血琼脂培养皿上菌落周围有2~4mm宽、界限分明、无色透明的溶血环。

(3)γ溶血 不产生溶血素,在血琼脂培养皿上菌落周围无溶血环。

金黄色葡萄球菌在血平板上形成的是β溶血。

四、完成预习任务

1. 阅读学习相关资源,归纳食品中金黄色葡萄球菌检验的相关知识。
2. 绘制操作流程小报并初拟实验方案。
3. 完成老师发布的预习小测验等相关预习任务,手机扫码完成课前测试。

食品中金黄色葡萄球菌的检验课前测试

📖 任务实施

🔔 提示

在整个任务实施过程中应严格遵守实验室用水、用电安全操作指南及微生物实验室各项规章制度和玻璃器皿的安全使用规范。

一、实验准备

配图	仪器与设备	操作说明
	恒温培养箱	同项目三任务2中恒温培养箱的操作说明

配图	仪器与设备	操作说明
	电子天平（感量为0.01g）	同项目二任务1中的电子天平操作说明
	恒温水浴锅	（1）接通电源前，要确保水浴锅中水位高于电热管，否则会烧坏电热管； （2）最好用纯水或蒸馏水，以避免产生水垢； （3）使用完毕应将电源关闭
	拍击式均质器	（1）在均质器工作时请不要随意打开均质器门，以免样品液溢出； （2）仪器长期不使用时应切断电源，拔去插头
	无菌均质袋	打开无菌均质袋时，不要触碰到均质袋内壁，避免内壁沾染外来细菌
	高压蒸汽灭菌锅	（1）物品不要装的太挤； （2）待压力表读数为"0"时，方可打开高压锅锅盖
	酒精灯和火柴	（1）酒精灯中酒精量为其总体积的（1/4）～（2/3）为宜； （2）酒精灯不可吹灭，需用灯帽盖灭两次

配图	仪器与设备	操作说明
	接种环	接种环使用前后均需火焰灼烧灭菌
	无菌吸量管	使用前打开灭菌包装，避免长时间暴露于环境中

二、实施操作

1. 培养基与试剂配制

配图	配制方法	操作说明
	灭菌生理盐水和7.5%NaCl肉汤：按标签说明配制	使用前需121℃高压灭菌15min
	平板计数培养基：按标签说明配制	使用前需121℃高压灭菌15min
	脑心浸出液肉汤：按标签说明配制	使用前需121℃高压灭菌15min

配图	配制方法	操作说明
	Baird-Parker琼脂： 购买成品	使用前打开包装
	血琼脂平板： 购买成品	使用前打开包装
	兔血浆： 购买成品	—
	营养琼脂小斜面： 按说明书配制，分装于13mm×130mm试管中	121℃高压灭菌15min后使用
	革兰氏染色液： 按说明书操作使用	—

2. 消毒（同项目一任务2的消毒步骤）

3. 样品处理

配图	操作步骤	操作说明
	（1）称取25g样品放入盛有225mL 7.5%NaCl肉汤的无菌均质袋中	称样过程应按无菌操作进行
	（2）用拍击式均质器拍打1～2min	（1）均质前一定要将均质袋中的空气排净，避免影响拍打效果； （2）均质前要将均质袋放置在均质器较为中央的部位，保证拍打均匀

4. 增菌培养

配图	操作步骤	操作说明
	将上述样品匀液于36℃±1℃培养18～24h，金黄色葡萄球菌在7.5% NaCl肉汤中呈混浊生长	（1）增菌培养是实验过程中关键性的一步； （2）7.5%NaCl肉汤培养后的状态与样品的种类、污染状况等有关

5. 分离培养

配图	操作步骤	操作说明
	（1）将增菌后的培养物，分别划线接种到Baird-Parker平板和血平板中	（1）保持用于划线的平板表面干燥； （2）必须在平板中划出单菌落； （3）开封后未使用完的培养基要及时放于冰箱中保存
	（2）同时接种金黄色葡萄球菌和表皮葡萄球菌的标准菌株做阳性对照和阴性对照	用接种环挑取金黄色葡萄球菌ATCC6538和表皮葡萄球菌ATCC12228的纯菌落划线接种

配图	操作步骤	操作说明
	（3）血平板36℃±1℃培养18～24h，Baird-Parker平板36℃±1℃培养24～48h	倒置培养

6. 初步鉴定

配图	操作步骤	操作说明
	（1）金黄色葡萄球菌在Baird-Parker平板上呈圆形、表面光滑、凸起、湿润、菌落直径2～3mm，颜色呈灰黑色至黑色，有光泽，常有浅色（非白色）的边缘，周围绕以不透明圈（沉淀），其外常有一清晰带，当用接种针触及菌落时具有黄油样黏稠感	（1）有时可见到不分解脂肪的菌株，除没有不透明圈和清晰带外，其他外观基本相同； （2）从长期贮存的冷冻或脱水食品中分离的菌落，其黑色常较典型菌落浅些，且外观可能较粗糙，质地较干燥
	（2）金黄色葡萄球菌在血琼脂平板上，形成菌落较大，为圆形、光滑凸起、湿润、呈金黄色（有时为白色），菌落周围可见完全透明的溶血圈	菌落为白色或者金黄色，周围透明溶血环为β-溶血

7. 验证实验

配图	操作步骤	操作说明
	（1）染色镜检： 挑取上述可疑菌落进行革兰氏染色，并在油镜下观察，金黄色葡萄球菌为革兰氏阳性球菌，排列呈葡萄球状，无芽孢，无糖被，直径约为0.5～1μm	Baird-Parker平板和血琼脂平板上的可疑菌落都需要进行染色镜检
	（2）血浆凝固酶实验： ①挑取Baird-Parker平板或血平板上至少5个可疑菌落（小于5个全选），分别接种到5mLBHI和营养琼脂小斜面，36℃±1℃培养18～24h	（1）用新鲜的BHI进行活化； （2）接种环挑取可疑菌落后，在营养琼脂小斜面上划波浪线

配图	操作步骤	操作说明
	②每支冻干兔血浆中加入0.5mL灭菌生理盐水，振摇至完全溶解，再加入BHI培养物0.2～0.3mL，振荡摇匀	因新鲜兔血浆制作比较麻烦，且保质期较短，一般采用冻干兔血浆替代
	③同时以血浆凝固酶阳性和阴性葡萄球菌菌株的肉汤培养物作为对照	用接种环挑取金黄色葡萄球菌ATCC6538和表皮葡萄球菌ATCC12228的纯菌落划线接种
	④置于36℃±1℃恒温培养箱或水浴箱内，每0.5h观察一次，观察6h，如呈现凝固（即将试管倾斜或倒置时，呈现凝块）或凝固体积大于原体积的一半，即判定为阳性结果	倾斜或倒置时，呈现凝固，甚至不流动为阳性
	⑤结果如可疑，挑取营养琼脂小斜面的菌落到5mLBHI，36℃±1℃培养18～48h，重复实验	BHI一般培养18～48h即可

8. 葡萄球菌肠毒素的检验（选做）

配图	操作步骤	操作说明
	可疑食物中毒样品或产生葡萄球菌肠毒素的金黄色葡萄球菌菌株的鉴定，应按GB 4789.10—2016附录B检测葡萄球菌肠毒素	肠毒素的检验为选做内容

9. 结果与报告

配图	操作步骤	操作说明
	（1）结果判定： 根据菌落形态和验证实验，判定是否为金黄色葡萄球菌	染色镜检符合可疑菌落及血浆凝固酶实验为阳性，判定为金黄色葡萄球菌阳性
	（2）结果报告： 在25g（mL）样品中检出或未检出金黄色葡萄球菌	—

三、记录原始数据与报告（表5-6）

表5-6 食品中金黄色葡萄球菌的检验数据记录表

检验项目		检验方法		样品名称	
检验步骤		样品编号	空白对照	阳性对照	阴性对照
增菌	7.5%NaCl肉汤 _____℃_____h				
分离	BP琼脂平板 _____℃_____h				
	血琼脂平板 _____℃_____h				
鉴定	染色镜检				
	血浆凝固酶实验 _____℃_____h				
	结果				

═ 评价反馈 ═

"食品中金黄色葡萄球菌的检验"考核评价表

学生姓名：_____ 班级：_____ 日期：_____

评价方式	考核项目		评价项目	评价要求	不合格	合格	良	优
自我评价（10%）	相关知识		了解金黄色葡萄球菌的特征	相关知识输出正确（1分）	0	1	—	2
			掌握金黄色葡萄球菌的检验原理	能利用检测原理正确解释实验现象（1分）				
	实验准备		能正确配制实验试剂	正确配制试剂（4分）	0	4	—	8
			能正确准备仪器	仪器准备正确（4分）				
学生互评（20%）	操作技能		能正确采用定性检验法对食品中金黄色葡萄球菌进行检验（检样、增菌、分离培养、初步鉴定、验证实验）	实验过程操作规范熟练（15分）	0	5	10	15
			能正确、规范记录结果并进行报告	原始数据记录准确、报告填写正确（5分）	0	3	4	5
教师学业评价（70%）	课前	通用能力	课前预习任务	课前任务完成认真（5分）	0	2	4	5
	课中	专业能力	实际操作能力	正确解读国家标准（5分）	0	3	4	5
				无菌操作规范（5分）	0	3	4	5
				培养基配制规范（5分）	0	3	4	5
				10倍系列稀释操作规范（5分）	0	3	4	5
				能按照操作规范对食品中金黄色葡萄球菌进行检验（10分）	0	3	6	10
				废弃物处理正确（5分）	0	1	3	5
				结果记录真实，报告规范（5分）	0	1	3	5
		工作素养	发现并解决问题的能力	善于发现并解决实验过程中的问题（5分）	0	5	10	15
			时间管理能力	合理安排时间，严格遵守时间安排（5分）				
			遵守实验室安全规范	（检样、增菌、分离培养、初步鉴定、验证实验等）符合安全规范操作（5分）				

续表

评价方式	考核项目		评价项目	评价要求	不合格	合格	良	优
教师学业评价（70%）	课后	技能拓展	水产品中金黄色葡萄球菌的检验	正确规范完成（10分）	0	5	—	10
总分								

注：①每个评分项目里，如出现安全问题则为0分；
　　②本表与附录《职业素养考核评价表》配合使用。

■ 学习心得

■ 拓展训练

○ 完成水产品中金黄色葡萄球菌的检验，绘制相关操作流程小报并录制视频。
　（提示：利用互联网、国家标准、微课等。）

○ 拓展所学任务，查找线上相关知识，加深相关知识的学习。
　（例如，中国大学 MOOC https://www.icourse163.org；智慧职教 https://www.icve.com.cn等。）

巩固反馈

1. 金黄色葡萄球菌的培养特征是（　　　）

    A. 营养要求高，必须在血平板上才能生长

    B. 均能产生金黄色色素

    C. 耐盐性强，可在含10%～15%氯化钠的培养基中生长

    D. 专型需氧

2. 关于金黄色葡萄球菌的检验，下列说法不正确的是（　　　）

    A. 使用Baird-Parker和血平板分离

    B. 鉴定实验包括革兰氏染色实验

    C. 鉴定实验包括血浆凝固酶实验

    D. 鉴定实验包括动力实验

3. 简述检验金黄色葡萄球菌的操作流程。

4. 学生课后总结所学内容，与老师和同学进行交流讨论并完成本任务的教学反馈。

参考文献

［1］贾英民. 食品微生物学［M］. 北京：中国轻工业出版社，2013.

［2］李秀婷. 食品微生物学实验技术［M］. 北京：化学工业出版社，2020.

［3］刘用成. 食品微生物检验技术［M］. 北京：中国轻工业出版社，2015.

［4］翁连海. 食品微生物基础于应用［M］. 北京：高等教育出版社，2010.

［5］严晓玲，牛红云. 食品微生物检测技术［M］. 北京：中国轻工业出版社，2021.

［6］张磊，李奇. 食品微生物检验［M］. 北京：中国劳动和社会保障出版社，2013.

［7］周德庆. 微生物学教程［M］. 北京：高等教育出版社，2020.

附 录

职业素养考核评价表

学生姓名：＿＿＿＿＿＿＿＿＿　　班级：＿＿＿＿＿＿＿＿＿　　日期：＿＿＿＿＿＿＿＿＿

评价项目	评价要求	不合格	合格	良	优
出勤 （10分）	1. 迟到3min以上为0分 2. 旷课1次为0分 3. 课中出教室1次为5分，2次为0分	0	5	—	10
仪容仪表 （20分）	1. 工服、仪容符合规范为20分 2. 工服和仪容有一项不符合为10分 3. 仪容和工服不符合规范为0分	0	10	—	20
工作过程 （40分）	1. 操作台洁净整齐为10分 2. 操作台基本洁净整齐为5分 3. 操作台不洁净不整齐为0分	0	5	7	10
	1. 实验工具码放洁净整齐为10分 2. 实验工具码放整齐为7分 3. 实验工具码放基本整齐为5分 4. 实验工具码放不整齐为0分	0	5	7	10
	1. 试剂领用符合规范为10分 2. 试剂领用不符合规范为0分	0	—	—	10
	按遵守实训室规章制度（节约能源、垃圾分类）的程度评分	0	5	7	10
沟通与表达 （10分）	1. 能口头展示自己的工作任务占5分 2. 能口头分享自己的工作成果占5分	0	5	—	10
团队合作 （5分）	按与小组成员合作的融洽程度评分	0	2	—	5
工作主动性 （10分）	按参与工作的主动性评分	0	5	—	10
社会主义核心 价值观 （5分）	1. 具有社会主义核心价值观为5分 2. 缺乏社会主义核心价值观为0分	0	—	—	5
工匠精神与 创新精神 （附加分：20分）	1. 工作认真细致，精益求精加15分 2. 对工作有想法，有见解加5分	0	10	15	20
共计					

注：①违反课堂规范按0分处理；
　　②课堂中出现任何安全问题按0分处理；
　　③工作过程标准参照食品检验实训室7S操作规范和实训制度。